IORLUMUN TARLUMUN
ESTHER NGUEMO UJIA
ONU PAUL AGADA

CONTRIBUTOS DOS PROGRAMAS AGRÍCOLAS RADIOFÓNICOS

IORLUMUN TARLUMUN
ESTHER NGUEMO UJIA
ONU PAUL AGADA

CONTRIBUTOS DOS PROGRAMAS AGRÍCOLAS RADIOFÓNICOS

MELHORAR A PRODUÇÃO ALIMENTAR ATRAVÉS DA COMUNICAÇÃO

ScienciaScripts

Imprint
Any brand names and product names mentioned in this book are subject to trademark, brand or patent protection and are trademarks or registered trademarks of their respective holders. The use of brand names, product names, common names, trade names, product descriptions etc. even without a particular marking in this work is in no way to be construed to mean that such names may be regarded as unrestricted in respect of trademark and brand protection legislation and could thus be used by anyone.

Cover image: www.ingimage.com

This book is a translation from the original published under ISBN 978-3-330-04406-7.

Publisher:
Sciencia Scripts
is a trademark of
Dodo Books Indian Ocean Ltd. and OmniScriptum S.R.L publishing group

120 High Road, East Finchley, London, N2 9ED, United Kingdom
Str. Armeneasca 28/1, office 1, Chisinau MD-2012, Republic of Moldova, Europe
Managing Directors: Ieva Konstantinova, Victoria Ursu
info@omniscriptum.com

Printed at: see last page
ISBN: 978-620-8-39797-5

CONTRIBUTOS DOS PROGRAMAS AGRÍCOLAS RADIOFÓNICOS

MELHORAR A PRODUÇÃO ALIMENTAR ATRAVÉS DA COMUNICAÇÃO

BY

IORLUMUN TARLUMUN

ONU PAUL AGADA

TSEE JOHN AONDOASEER

Resumo

Este estudo avalia o papel do programa Cesta de Alimentos da Rádio Benue na promoção da adoção de mudas de culturas melhoradas entre os agricultores do Estado de Benue, na Nigéria. A rádio, enquanto instrumento de comunicação de massas, continua a ser um meio eficaz para divulgar conhecimentos agrícolas e influenciar as práticas agrícolas nas comunidades rurais. O estudo explora a natureza dos programas agrícolas na Rádio Benue, a sua influência nas atitudes dos agricultores, a eficácia do programa Cabaz de Alimentos e os desafios que dificultam a sua implementação. Utilizando um inquérito a 400 inquiridos, os resultados revelam que o programa aumenta eficazmente o conhecimento dos agricultores sobre as mudas de culturas melhoradas, motiva a adoção e fornece orientação técnica. No entanto, desafios como o financiamento insuficiente, o equipamento desatualizado e a qualidade inadequada dos conteúdos limitam o seu impacto. O estudo conclui com recomendações para aumentar a eficácia do programa através de melhor financiamento, equipamento de transmissão moderno e melhor conceção do programa. Estas medidas têm como objetivo aumentar a produtividade agrícola e a segurança alimentar no **Estado** ***de Benue.***

ÍNDICE

CAPÍTULO UM
INTRODUÇÃO

1.1 Antecedentes do estudo

A radiodifusão foi identificada como o meio com maior potencial de eficácia na disseminação de informação rural nos países em desenvolvimento. Isto deve-se ao facto de ter o maior alcance, tendo penetrado em todos os cantos e recantos destes países. A rádio, como meio de difusão, provou ser um importante agente de socialização e ferramenta para a mudança social, especialmente agora que as pessoas dependem das mensagens dos media. A capacidade da rádio de definir a agenda da sociedade posicionou-a estrategicamente como um agente de mudança, que possui a influência para moldar a opinião das massas. Griffins (2015) argumenta que pode ser possível utilizar os meios de comunicação social para levar as pessoas a agir em prol da sua própria saúde e bem-estar ou a fazer as coisas corretamente.

Egbuchulam (2012) afirma que a rádio é um fator mobilizador e formidável na nova ordem mundial em termos de economia, tecnologia e política. Diz ainda que a rádio é melhor descrita como o meio de comunicação mais barato, mais seguro e mais eficaz à disposição do homem. De acordo com Onabanjo (1999), no mundo em desenvolvimento, como na Ásia e em África, a rádio é barata; não custa muito em comparação com a televisão, que é cara. É também portátil, ou seja, pode ser facilmente transportada de um sítio para outro. Transmite mensagens que os seus ouvintes consideram importantes. A rádio pode também apresentar notícias à medida que estas vão surgindo, levando as vozes dos jornalistas e dos artistas a casa dos ouvintes. Também proporciona espectáculos dramáticos e outros tipos de entretenimento, que os ouvintes podem visualizar mesmo na ausência de imagens. Por esta razão, a rádio goza da vantagem da simultaneidade. Exige pouco esforço dos seus consumidores para compreenderem a sua mensagem. É um bom companheiro que entretém e informa os seus ouvintes.

É um instrumento eficiente para divulgar mensagens a grandes audiências heterogéneas e anónimas ao mesmo tempo, porque transcende a fronteira do espaço e do tempo, e também ultrapassa as barreiras do analfabetismo. Egbuchulam (2012) afirma que a rádio tem sido um importante instrumento de comunicação para melhorar a qualidade de vida das pessoas, levando até à sua porta notícias, entretenimento e educação através dos seus programas. Apesar do uso mundial da Internet para aprendizagem e disseminação de informação, a rádio ainda mantém a vantagem de poder servir comunidades dispersas, isoladas e desfavorecidas que aspiram a ultrapassar as barreiras do analfabetismo. Isto deve-se ao facto de a rádio transmitir na língua local e de os analfabetos serem levados consigo, uma vez que o recetor de rádio é mais fácil de operar. Os ouvintes utilizam e relacionam-se com a rádio de formas muito diferentes em comparação com outros meios de comunicação. Os ouvintes usam a rádio por várias razões, uma das quais é para apoio emocional, para manter o ânimo através dos programas, e o resultado determinará em grande medida a atitude que os ouvintes cultivam através da audição da rádio.

Os programas agrícolas radiofónicos são deliberados e dirigidos a um público específico, independentemente da sua fonte. A comunicação de natureza agrícola procura persuadir, informar, educar e demonstrar. Serve como uma plataforma de interação. De acordo com Kuponiyi (2019), a rádio é maioritariamente utilizada para programas agrícolas porque é um dos meios de transmissão que quase todos os especialistas identificam como sendo o mais adequado para programas de emancipação rural. Vence a distância, o que tem efeitos imediatos. Como tal, foi identificada como o único meio de comunicação de massas com que a população rural está familiarizada.

O conhecimento profundo do processo de comunicação é absolutamente essencial para uma divulgação eficaz dos programas agrícolas. Nwanwene (2019) observa que o objetivo dos programas agrícolas é introduzir os agricultores nos meios modernos de agricultura, alargar a base agrícola do país e acelerar a taxa de produção para satisfazer as necessidades alimentares do país, bem como aumentar as exportações.

As mudas de culturas melhoradas, também conhecidas como "variedades melhoradas", são sementes de plantas que foram geneticamente modificadas ou criadas seletivamente para melhorar as suas caraterísticas (Smith, 2018). Essas melhorias podem incluir caraterísticas como maior rendimento (Jones, Smith e Yen, 2020), resistência a pragas e doenças (Brown, 2019), maior tolerância à seca (Johnson, 2017) e maior conteúdo nutricional (Miller, 2016). Estas melhorias são normalmente alcançadas através de uma combinação de métodos tradicionais de reprodução e abordagens biotecnológicas modernas (Garcia e Patel, 2021). Por exemplo, o desenvolvimento de mudas de culturas geneticamente modificadas permitiu a introdução de genes específicos responsáveis por caraterísticas desejáveis (Smith, 2018). Além disso, os programas de melhoramento tradicionais têm sido fundamentais para selecionar e cruzar plantas com caraterísticas desejadas ao longo das gerações (Johnson, 2017). As mudas de culturas melhoradas desempenham um papel importante na agricultura moderna, contribuindo para o aumento da produção de alimentos, sustentabilidade e resiliência diante dos desafios ambientais (Brown, 2019). Agricultores de todo o mundo beneficiam desses avanços, pois ajudam a garantir o abastecimento de alimentos e a melhorar os meios de subsistência (Miller, 2016).

A rádio, como ferramenta de comunicação de massas, oferece várias vantagens no contexto da divulgação agrícola. Tem um amplo alcance, uma boa relação custo-eficácia e a capacidade de transcender barreiras geográficas, tornando-a uma plataforma ideal para alcançar comunidades agrícolas rurais e remotas. Além disso, os programas de rádio podem ser estruturados para se adaptarem ao contexto local, às línguas e às nuances culturais do público-alvo, assegurando que a informação é acessível e relacionável com os agricultores.

1.2 Declaração do problema

A ausência de um sistema funcional de prestação de serviços agrícolas é um grande obstáculo ao desenvolvimento agrícola na Nigéria em geral e no Estado de Benue em particular. De acordo com Yeudeowei (2015), a falta de acesso à informação agrícola relevante para os agricultores nos países em desenvolvimento é transversal a todos os subsectores dos processos de produção agrícola. Os agricultores precisam de ser informados e educados sobre práticas agrícolas melhoradas, como a adoção de mudas de culturas melhoradas e o seu método de aplicação, para que possam aumentar a sua produtividade e rendimento.

Attah (2021) argumenta que a consecução da autossuficiência na produção alimentar tem permanecido uma miragem na Nigéria em geral e no Estado de Benue em particular devido a uma vasta gama de factores como a falta de acesso a novas inovações agrícolas, a falta de informação adequada sobre a aplicação de inovações agrícolas, a ignorância, etc. Aparentemente, os meios de comunicação social não têm sido utilizados de forma adequada e apropriada para complementar o contacto presencial com os agentes de extensão na divulgação de informações agrícolas aos agricultores, com vista à promoção e utilização de plântulas de culturas melhoradas entre os agricultores do Estado de Benue. Este estudo procura, portanto, avaliar o programa do *Cabaz Alimentar* da Rádio Benue na promoção da utilização de plântulas de culturas melhoradas entre os agricultores do Estado de Benue.

1.3 Objectivos do estudo

O objetivo geral deste estudo é avaliar o programa do *Cabaz Alimentar* da Radio Benue na promoção da utilização de mudas de culturas melhoradas entre os agricultores do Estado de Benue. Especificamente, o estudo tem os seguintes objectivos

i. Para descobrir a natureza dos programas agrícolas na Rádio Benue que promovem a utilização de plântulas de culturas melhoradas entre os agricultores do Estado de Benue.

ii. Estabelecer a influência do programa de *cabazes alimentares* da Rádio Benue na promoção da utilização de plântulas de culturas melhoradas entre os agricultores do Estado de Benue.

iii. Determinar a eficácia do programa *de cabazes alimentares* da Radio Benue na promoção da utilização de plântulas de culturas melhoradas entre os agricultores do Estado de Benue.

iv. Avaliar os desafios que impedem o programa do *Cabaz Alimentar* da Radio Benue de promover a utilização de mudas de culturas melhoradas entre os agricultores do Estado de Benue.

1.4 Questões de investigação

i. Qual é a natureza dos programas agrícolas da Radio Benue que promovem a utilização de sementes de culturas melhoradas entre os agricultores do Estado de Benue?

ii. Qual é a influência do programa *Cesto Alimentar* da Rádio Benue na promoção da utilização de plântulas de culturas melhoradas entre os agricultores do Estado de Benue?

iii. Qual é a eficácia do programa *Cesto Alimentar* da Rádio Benue na promoção da utilização de sementes de culturas melhoradas entre os agricultores do Estado de Benue?

iv. Quais são os desafios que impedem o programa de *cabazes alimentares* da Radio Benue de promover a utilização de sementes de culturas melhoradas entre os agricultores do Estado de Benue?

1.5 Significado do estudo

Este estudo beneficiará as seguintes categorias de pessoas.

Em primeiro lugar, será de grande utilidade para os agricultores, uma vez que lhes revelará os contributos dos programas agrícolas de rádio para a melhoria da produção alimentar.

Em segundo lugar, o estudo trará imensos benefícios para os estudiosos da comunicação de massas e de outras disciplinas relacionadas, uma vez que os resultados deste estudo conduzirão a uma nova investigação sobre o impacto dos programas agrícolas radiofónicos na melhoria da agricultura, proporcionando também um estudo empírico para aqueles que pretendam realizar investigações semelhantes.

Por último, será de grande importância para o governo, que verá a necessidade de subsidiar o custo das mudas de culturas melhoradas para os agricultores.

1.6 Âmbito do estudo

Este estudo foi concebido para avaliar a eficácia do programa *de cabaz alimentar* da Radio Benue na promoção da utilização de plântulas de culturas melhoradas entre os agricultores do Estado de Benue. O estudo está geograficamente delimitado para abranger todo o Estado de Benue.

1.7 Definição operacional dos termos

Agricultura: Trata-se do cultivo de culturas utilizando mudas de culturas melhoradas.

Programa agrícola: No contexto deste estudo, refere-se ao programa *de cabaz de alimentos* da Radio Benue, que procura promover a utilização de sementes de culturas melhoradas entre os agricultores do Estado de Benue.

Avaliar: Esta é a avaliação do programa *Cesta Alimentar* da Rádio Benue na promoção da utilização de mudas de culturas melhoradas entre os agricultores do Estado de Benue.

Agricultores: Referem-se à categoria de pessoas que são influenciadas pelo programa *Cesta Básica* da Rádio Benue sobre a utilização de mudas de culturas melhoradas entre os agricultores do Estado de Benue.

Promoção: Trata-se da utilização de programas agrícolas radiofónicos para encorajar a utilização de mudas de culturas melhoradas entre os agricultores do Estado de Benue.

Rádio: Este é o dispositivo eletrónico que transmite mensagens sobre a promoção da utilização de plântulas de culturas melhoradas entre os agricultores do Estado de Benue.

Programa de rádio: Conforme utilizado no estudo, refere-se às mensagens sobre a promoção do uso de mudas de culturas melhoradas entre os agricultores do Estado de Benue.

CAPÍTULO DOIS
REVISÃO DA LITERATURA RELACIONADA

2.1 Revisão dos conceitos

2.1.1 Programação

Pode dizer-se que a programação é o fator determinante de quais os programas a colocar no ar e em que momento o programa é programado. Também pode ser a disposição dos elementos do programa de hora a hora e dentro da mesma hora. De acordo com Dunu in Okunna (2002), a programação, enquanto base e sustentáculo da radiodifusão, envolve uma política planeada e calculada a longo prazo, expressa em acções executáveis pré-determinadas, que, se forem adequadamente implementadas e executadas como operações de programas individuais, obtêm o máximo sucesso para a estação.

Na sua opinião, Nwanwene (1995) diz que a programação envolve a tarefa de os escolher por uma ordem significativa e avaliar o seu grau de sucesso ou fracasso. Implica a procura e a seleção de materiais para um público-alvo e um mercado pré-determinados pela sua própria natureza, no entanto, a programação é o produto da radiodifusão.

O papel da programação na radiodifusão é cada vez mais crucial na atual dispensa, quando a desregulamentação deu origem aos conceitos de privatização e comercialização, o desejo de ganhar dinheiro é primordial na organização da radiodifusão, além disso, a estação de radiodifusão que até agora tinha desfrutado do monopólio da sua audiência enfrenta agora a conclusão das numerosas estações privadas que produzem programas mais interessantes. O resultado é a perda parcial ou total do controlo que as antigas estações tinham sobre as suas audiências. Mas o fator audiência é tão crucial como a radiodifusão, como a programação, de facto, o principal objetivo da programação nos meios de radiodifusão é atrair e manter a audiência no meio. Em economia, diz-se que a produção só se completa quando o que é produzido é consumido. Assim, o consumidor é primordial na produção. Do mesmo modo, na radiodifusão, o êxito de um programa é medido em termos de audiência e de espectadores, consoante o caso. Nwanwene (1995)

2.1.2 Programação de rádio

A programação radiofónica consiste nos vários formatos em que os planeadores de informação apresentam vários programas às suas audiências. É a programação de transmissão de um formato ou conteúdo radiofónico que é organizado para estações de rádio comerciais e públicas. De acordo com Dunu in Okunna (2002), a programação na rádio envolve a tarefa de escolher programas e programá-los numa ordem significativa e avaliar o seu grau de sucesso ou fracasso. Implica a procura e a seleção de materiais para um público-alvo e um mercado pré-determinados. Um programa de rádio é um segmento de conteúdo destinado a ser transmitido na rádio. Pode ser uma produção única ou uma parte de uma série periódica.

A programação radiofónica ocupa um lugar central na radiodifusão porque é o fio condutor e o criador de imagem da radiodifusão. Isto porque uma boa programação radiofónica atrai mais público para uma estação de rádio, fazendo com que uma grande população ouça os programas da estação. E, assim, a estação de rádio ganha mais dinheiro com a publicidade e os anúncios pagos.

O papel da programação radiofónica é cada vez mais crucial na atual situação, em que a regulamentação deu origem a conceitos de privatização e comercialização, o desejo de ganhar dinheiro é agora primordial na radiodifusão, além de que as estações de radiodifusão que até agora gozavam do monopólio da sua audiência enfrentam agora a concorrência das numerosas estações privadas que produzem programas mais interessantes através de uma boa programação radiofónica.

A programação é o coração do que torna a estação de rádio óptima. Enquanto a engenharia, a angariação de fundos e a gestão de uma estação de rádio são apenas elementos-chave para a gestão de uma estação, a programação de uma estação de rádio é o que define a estação de rádio. A programação da rádio é o rosto público de uma estação de rádio, onde a estação decide que tipo de música, notícias, assuntos públicos, dramas radiofónicos e muito mais pretende transmitir através das ondas de rádio.

2.1.3 Programas agrícolas

Um programa é um sistema de projectos ou serviços destinados a satisfazer necessidades públicas. Ajay, (2008) definiu programa como um esforço planeado e sistemático para modificar ou desenvolver conhecimentos, competências e atitudes através da experiência de aprendizagem para alcançar um desempenho eficaz numa atividade. O êxito dos programas agrícolas nos países em desenvolvimento depende em grande medida da natureza e da extensão dos meios de comunicação de massas utilizados para mobilizar os agricultores para o desenvolvimento agrícola. Reconheceu-se que a comunicação desempenha um papel proeminente no êxito da produção agrícola e na adoção de medidas que permitem acelerar o desenvolvimento da agricultura através da utilização eficaz dos meios de comunicação social.

De acordo com Buren (2020), os objectivos dos programas agrícolas consistem em criar programas de intervenção política, tais como o Programa Nacional de Produção Alimentar Acelerada (NAFPP) e a Operação Alimentar a Nação (OFN). Os programas agrícolas são transmitidos através da rádio porque é um meio barato e facilmente acessível através do qual a informação agrícola é entregue aos agricultores, Okwuku e Aba (2007).

Da mesma forma, Okwu e Daudu (2011) afirmam que os programas de rádio agrícola cobrem vários aspectos da agricultura, incluindo a produção agrícola, pecuária, pesca, bem como colheita, processamento de armazenamento, estratégias de marketing e informações sobre crédito e empréstimo. De acordo com Isreal e Wilson (2006), o desenvolvimento e a compreensão do público-alvo e do canal utilizado pelos produtores para obter informação é um pré-requisito para programas agrícolas eficientes, porque os programas que não são ouvidos não podem provocar mudanças, pelo que a rádio é o canal mais eficiente e ideal para programas de emancipação rural.

2.2 Revisão da literatura relacionada

2.2.1 O papel dos meios de comunicação social e das TICS no desenvolvimento agrícola

Nas últimas décadas, os países em desenvolvimento assistiram a uma revolução na utilização dos meios de comunicação social e das (TIC) e quase todos os aspectos da atividade humana, incluindo a agricultura, foram afectados por estas mudanças recentes nas TIC. Jenkins e os seus colegas (2003) efectuaram uma investigação sobre as tecnologias da informação utilizadas pelos agricultores do Norte da Califórnia. Com base na sua investigação, os boletins informativos são a forma mais importante de recolher informações sobre as principais questões da agricultura. Entre os agricultores, 60% utilizam boletins informativos e cerca de 45% recorrem a revistas e artigos de boletins. Aprender com os amigos, encontrar-se com propagadores e líderes locais da exploração, ler jornais, etc. estão noutras posições. Entre os meios de comunicação, a utilização de conferências científicas, o computador, etc. são as últimas preferências, e poucos agricultores os utilizam.

O estudo realizado por Laverack e Dap (2003) mostra que, para aceder à informação, uma grande percentagem das elites rurais do Vietname recorre a publicações de uma página, a cartazes e à rádio, e que a obtenção da informação necessária através destes meios tem sido acompanhada de um grande sucesso. Na Nigéria, os estudos efectuados por Arokoyo (2003) mostraram que, embora o vídeo, a rádio e a televisão sejam as principais fontes de informação para os agricultores deste país, no caso da criação das fundações, também é possível utilizar outros equipamentos desenvolvidos. Neste país, a imprensa escrita também tem uma situação específica na transferência da agricultura. A televisão é reconhecida como o meio mais importante para comunicar com as populações rurais dos países em desenvolvimento (FAO, 2001).

O estudo de Kleiht, Okoboi e Janowski (2004), que entrevistou 175 agricultores e 56 comerciantes em Lira, no Uganda, indicou que a rádio é a principal fonte de informação entre os comerciantes de produtos de base. De acordo com o estudo, 80% dos comerciantes possuíam um rádio, 27% utilizavam telefones públicos, 21% tinham acesso a um telemóvel sem dívidas e 20% possuíam um telemóvel. As principais fontes de informação dos agricultores do Uganda são a rádio, os amigos, a família e os vizinhos, os dirigentes e os funcionários locais. 70% dos agricultores possuíam rádio e a rádio era a principal fonte de informação sobre a produção agrícola, enquanto os amigos, a família e os vizinhos eram as principais fontes de informação sobre o mercado. Outras fontes de informação para os agricultores, de acordo com o estudo, incluem encontros políticos e reuniões de grupo, igreja, comerciantes e jornais. O telemóvel foi considerado uma fonte de informação insignificante entre os agricultores do Uganda.

Além disso, o estudo efectuado por Mwakaje, (2010) na Tanzânia, que estudou 200 agricultores, indicou que as fontes de informação sobre o mercado são dominadas por colegas agricultores (88,8%), familiares (56%) e comerciantes (37,5%). No entanto, apenas 23% dos agricultores utilizaram as TIC para aceder a informações sobre o mercado, mas 72% dos agricultores possuíam telemóveis e 169 tinham aparelhos de rádio. De acordo com os resultados, o número dos que utilizavam jornais e cooperativas primárias era insignificante. O estudo efectuado por Kari (2007), sobre a disponibilidade e acessibilidade das TIC na Nigéria, revelou que os nigerianos rurais tinham acesso a agentes agrícolas e trabalhadores de saúde rurais (24%), rádio (8%), televisão (6%), serviços GSM (2,66%) e jornais (2%). A rádio e a televisão eram frequentemente vistas como meios de entretenimento e não como fontes de informação (Kari, 2007). Na África Austral, os dados de deteção remota e os sistemas de informação geográfica foram utilizados para fornecer informações aos agricultores sobre as condições de produção agrícola e a segurança alimentar (Weiss *et al.*, 2000). Além disso, de acordo com a AgREN (2000), as principais fontes de informação e conhecimento para os pequenos agricultores no Quénia são os meios locais, como a família, os mercados, os vizinhos e as organizações comunitárias. No entanto, 40-70% dos inquiridos referiram a extensão como uma fonte de informação relevante, embora o serviço de extensão tenha sido considerado insatisfatório pelos agricultores e agentes de extensão no país.

2.2.3 Percepções dos agricultores sobre o papel dos meios de comunicação social no desenvolvimento da agricultura

O estudo efectuado na Zâmbia por Kalusopa (2005) mostrou que os agricultores utilizavam as organizações não governamentais, como as uniões de agricultores (63,9%), os agentes de extensão do governo (36,7%), a experiência pessoal (46,8%) e os grupos locais (conhecimentos indígenas) (36,7%) como principais fontes de informação para o desenvolvimento agrícola. Os resultados mostraram que a utilização de telemóveis e rádios comunitárias como fontes de informação para os pequenos agricultores na Zâmbia ainda está a dar os primeiros passos devido à fraca infraestrutura de telecomunicações, ao ritmo lento do investimento privado na área e às tarifas elevadas. O quadro 1 resume as principais fontes de informação para o desenvolvimento agrícola.

Nos seus estudos, muitos investigadores identificaram algumas das necessidades dos agricultores dos países em desenvolvimento em termos de TIC para uma economia verde e essas necessidades dependem dos indivíduos envolvidos e do país. De acordo com Steinen *et al.* (2007), os agricultores precisam das TIC para

i. Melhoria da produção agrícola: Este objetivo é alcançado através do aumento da produtividade, da eficiência e da sustentabilidade agrícolas. A atividade agrícola envolve muitos riscos e incertezas, tais como solos pobres, secas, erosão, doenças e pragas. O fornecimento de informação atempada ajudará a reduzir os riscos, melhorando assim a produtividade.

ii. Melhorar o acesso ao mercado: Os agricultores precisam de informação sobre os preços dos produtos, dos factores de produção e das tendências de consumo para poderem melhorar os seus meios de subsistência. Utilizando as TIC, essa informação pode ser recolhida, armazenada e publicada em sítios Web, ou pode ser difundida através da rádio rural, da televisão ou da telefonia móvel.

iii. Empoderamento e reforço das capacidades: As organizações e comunidades de agricultores, através da utilização das TIC, podem reforçar as suas capacidades e aptidões; assim, estarão em melhor posição para representar os seus círculos eleitorais quando negociarem os preços dos factores de produção e dos produtos e os projectos de infra-estruturas. As TIC permitem aos agricultores interagir com outras partes interessadas, reduzindo assim o isolamento social. Abrem novas oportunidades a nível regional e global (Steinen *et al.*, 2007).

Além disso, o estudo efectuado por Dhaka e Chayal (2010) afirma que, na Índia, a informação meteorológica, as práticas de produção, o preço dos factores de produção, a medição da proteção das plantas, o preço dos produtos agrícolas, o valor acrescentado, as práticas de gestão do gado e a gestão do risco são as necessidades de informação dos agricultores que são principalmente fornecidas pelos serviços de extensão agrícola que utilizam as TIC.

Além disso, a investigação efectuada no Bangladesh por Bidit (2009) revelou que as necessidades dos agricultores incluem: os preços e as fontes dos fertilizantes, informação sobre pragas, doenças das culturas, métodos de cultivo e informação sobre o preço da produção. Além disso, na Nigéria, de acordo com Adomi *et al.* (2003), as necessidades de informação dos agricultores incluem informações sobre a disponibilidade de crédito/empréstimo (82,2%), métodos melhorados de cultivo (79,5%), informações sobre a disponibilidade e utilização de fertilizantes (72,6%), onde obter implementos/máquinas agrícolas (72,6%), gestão de pragas e doenças (67,1%), disponibilidade de sementes melhoradas para cultivo (54,8%), onde armazenar os produtos (45,2%) e onde vender produtos agrícolas (39,7%). Estas necessidades de informação dos agricultores na Nigéria mostram que ainda há muitos agricultores de subsistência que ainda se debatem com facilidades de crédito e produção, deixando o aspeto comercial que é a comercialização dos produtos agrícolas.

2.3 Revisão de estudos empíricos

Esta secção do capítulo diz respeito a uma revisão de trabalhos anteriores relacionados que foram realizados por outros investigadores. A revisão é apresentada de seguida:

Abdul, R. C., Mohd, N. O., Siti, Z. O e Badaruddin, S. (2012) efectuaram uma investigação sobre o "*Impacto da televisão por satélite no desenvolvimento agrícola no Paquistão*". Os objectivos do estudo foram os seguintes: (i). examinar os problemas em termos de acessibilidade à televisão para o desenvolvimento no sector agrícola de Sindh, Paquistão. (ii) Identificar em que medida o analfabetismo é considerado um dos principais obstáculos ao acesso à televisão para fins de desenvolvimento no sector agrícola de Sindh, no Paquistão. (iii) Analisar o nível de aceitação dos agricultores em relação à utilização da televisão para o desenvolvimento no sector agrícola de Sindh, no Paquistão. O desenho utilizado no estudo foi o inquérito com questionário utilizado como instrumento de recolha de dados.

Os resultados do estudo indicam que os inquiridos preferem os programas de televisão que gostam de ver. As conclusões do estudo indicam claramente que os programas relacionados com a agricultura são os programas de televisão preferidos dos inquiridos, com um total de 82 inquiridos (41%) a dizer que preferem ver programas de televisão relacionados com a agricultura em comparação com outros tipos de programas de televisão. Seguem-se os programas de televisão relacionados com as notícias, em que um total de 36 inquiridos (18%) indicou preferir ver este tipo de televisão.

Os resultados do estudo revelaram que a maioria dos inquiridos, 141 dos quais (70,5%), considerou que a televisão é, de facto, o melhor meio para divulgar informações relacionadas com a agricultura ao público paquistanês em geral. Isto representa um número significativamente elevado de inquiridos que indicaram essa reação, em comparação com um número significativamente mais baixo de inquiridos, constituído por apenas 5 inquiridos (2,5%) que consideraram que a televisão não é o melhor meio para divulgar informações relacionadas com a agricultura ao público em geral. Apesar disso, um total de 54 inquiridos (27,0%) pareceu não estar muito seguro sobre esta questão, ao reagir dizendo apenas que, por vezes, a televisão é o melhor meio para divulgar informação agrícola ao público em geral, enquanto que, noutras alturas, a televisão pode não ser um bom meio para divulgar informação agrícola ao público paquistanês em geral.

Em termos da eficácia da televisão para aumentar o rendimento agrícola dos agricultores de Sindh, no Paquistão, a maioria dos inquiridos, 161 inquiridos (80,5%), considerou que a televisão era moderadamente eficaz para aumentar o rendimento agrícola dos agricultores do Paquistão, enquanto 11 inquiridos (5,5%) consideraram que a televisão era muito eficaz para aumentar o rendimento agrícola dos agricultores do país e 28 inquiridos (14,0%) consideraram que a televisão não era de todo eficaz para aumentar o rendimento agrícola dos agricultores do Paquistão.

A partir dos resultados do estudo, os investigadores concluíram que, haverá sempre problemas em termos de utilização das TIC (televisão) para disseminar ou obter informação, especialmente em zonas de um país onde existem problemas de acessibilidade, empenho do governo e níveis de aceitação das TIC entre os agricultores. No contexto do estudo, há algumas das principais questões e desafios destacados no estudo que impedem os agricultores de obter informações úteis dos programas televisivos relacionados com a agricultura no Paquistão.

O estudo recomendou, no entanto, que

i. O Governo deve tomar medidas e delinear iniciativas e políticas para garantir que o conteúdo dos programas de televisão relacionados com a agricultura transmitidos pelos canais por satélite seja adequado ao consumo do público em geral, especialmente dos agricultores que, em geral, têm níveis de educação muito baixos. O conteúdo dos programas de televisão relacionados com a agricultura deve ser adaptado para o consumo e compreensão adequados do público principal, que são os agricultores.
ii. O governo deveria ter um interesse especial em garantir que o conteúdo dos programas de televisão por satélite relacionados com a agricultura seja adequado para o consumo do público paquistanês em geral e dos agricultores em particular.
iii. O governo deve, portanto, explorar plenamente a televisão, especialmente o conteúdo dos programas de televisão, na disseminação de informações importantes e fundamentais para o público em geral. É aqui que as organizações não governamentais e as estações de televisão podem desempenhar um papel vital, facilitando e ajudando o governo a concretizar esta aspiração.

Noutro estudo intitulado: '*Dynamics of Communication in Agricultural Development. The Case of the South-Eastern States of Nigeria*'. Chukwu, O. C (2015) investigou o papel dos meios de comunicação social no desenvolvimento agrícola, bem como o nível de consciencialização da audiência do programa de desenvolvimento agrícola da Nigerian Television Authority (NTA) como estratégias e ferramentas eficazes para a divulgação do programa de desenvolvimento agrícola no Sudeste da Nigéria. Metodologicamente, o trabalho adoptou um método de inquérito de recolha de dados para obter as informações necessárias.

As principais conclusões deste estudo mostram que a NTA é um dos meios de comunicação social de base urbana, acessível principalmente às pessoas ricas que vivem nas zonas urbanas, onde a eletricidade ou o gerador de reserva estão facilmente disponíveis. Por esta razão, o impacto da NTA no fornecimento de informação e de funções de comunicação que ajudariam os agricultores a atingir um melhor padrão e estilo de agricultura foi insuficiente. Com base nesta falha, o investigador descobriu que os modos mais adequados de apresentar informação agrícola aos agricultores são através de debates em grupo, programas de entretenimento e apresentações de séries dramáticas na televisão. Nos debates e programas de entretenimento, foram utilizados os serviços da Nigerian Television Authority (NTA) e peritos em comunicação.

Por outro lado, o investigador observou que a Nigerian Television Authority (NTA) tinha, sem dúvida, alguns programas destinados a melhorar a produção agrícola, mas a pobreza, o analfabetismo, as políticas agrícolas incoerentes, os estrangulamentos burocráticos, as infra-estruturas rurais inadequadas, a corrupção, as elevadas perdas de alimentos pós-colheita e a falta de interesse dos jovens pela agricultura tinham levado à incapacidade dos agricultores rurais de produzirem alimentos suficientes para fins comerciais.

De todas as indicações, este estudo revelou alguns dos factores mais antigos que afectam a implementação efectiva e a atualização de vários programas e políticas agrícolas iniciados pelo Governo Federal da Nigéria. Estes factores incluem a vastidão das áreas rurais contra as poucas áreas urbanas nos Estados do Sudeste, a pobreza, o analfabetismo, a falta de eletricidade, bem como o fraco apoio dos governos estatais e locais e a implementação de tais iniciativas de desenvolvimento agrícola pelo Governo Federal e por algumas agências internacionais interessadas.

O estudo concluiu que nenhuma estratégia de comunicação moderna, independentemente da forma como foi corretamente concebida para a população rural, pode atingir o seu objetivo se não tiver em conta as estratégias de comunicação tradicionais. Neste contexto, a viabilidade dos programas da NTA no sentido da suficiência alimentar e da obtenção da segurança alimentar nacional não foi concretizada na prática, uma vez que as respostas dos agricultores dos Estados do Sudeste da Nigéria não se reflectiram.

O estudo permitiu formular as recomendações que se seguem:

i. A estação deveria aumentar as horas atualmente atribuídas a programas em vernáculo com vários dialectos, uma vez que o seu público é melhor entretido, educado e informado por esses programas dialécticos, devido aos elevados níveis de analfabetismo entre os agricultores.

ii. Devem ser criados canais de feedback apropriados, que não existem ou são ineficazes, para obter feedback dos agricultores. Recomenda-se a criação de canais de feedback, tais como números de telefone, caixas de sugestões e inquéritos periódicos.

iii. Além disso, para consolidar o sucesso atual, a direção da NTA deve aplicar uma política de porta aberta. Isto ajudará a resolver os problemas de forma rápida e amigável e também a gerar boa vontade e confiança pública, o que acabará por trazer credibilidade ao estabelecimento.

iv. O governo deveria envidar esforços sérios para atrair os jovens para a agricultura e o desenvolvimento agrícola, oferecendo bolsas de estudo, subsídios e empréstimos aos estudantes de agricultura das universidades e de outras instituições superiores do país.

v. O governo deve criar um acompanhamento e uma avaliação eficazes dos projectos agrícolas por parte dos operadores do sistema, de modo a dar aos Estados o enfoque e as orientações desejadas, diretrizes sobre o acompanhamento e a avaliação das iniciativas governamentais existentes. Isto sensibilizará os agricultores para o âmbito do acompanhamento e da avaliação, para as actividades e para o seu papel na aplicação eficaz das políticas.

É de notar, no entanto, que os estudos acima referidos e os seus temas estão relacionados e são relevantes para o presente estudo, razão pela qual o investigador os considerou dignos de análise.

2.4 Quadro teórico

2.4.1 Teoria dos meios de desenvolvimento

Este estudo está ancorado na Teoria dos Meios de Desenvolvimento. A teoria dos media de desenvolvimento foi formulada por Dennis McQuail em 1987. A teoria explica os comportamentos normativos da imprensa em países que são convencionalmente classificados como países em desenvolvimento. A teoria deve a sua origem à Comissão MacBride da UNESCO, criada em 1979. Esta teoria opõe-se à dependência e à dominação estrangeira e ao autoritarismo arbitrário. De acordo com Ndolo (2005) citado em Asemah, Anum e Edegoh (2013), aceita o desenvolvimento económico e a construção da nação como objectivos primordiais. A liberdade de imprensa deve ser aberta a restrições de acordo com as prioridades económicas e as necessidades de desenvolvimento da sociedade. No interesse dos objectivos de desenvolvimento, o Estado tem o controlo final. A teoria defende que os meios de comunicação social têm um papel a desempenhar na facilitação do processo de desenvolvimento nos países em desenvolvimento.

De acordo com a teoria dos media para o desenvolvimento, os media devem ser utilizados para servir o bem geral da nação. Os meios de comunicação social são vistos como agentes de desenvolvimento e de mudança social em qualquer comunidade, pelo que a teoria diz que os meios de comunicação social devem ser utilizados para complementar os esforços do governo através da realização de programas que conduzam a uma mudança comportamental positiva entre as pessoas. A teoria está ancorada no jornalismo de desenvolvimento. Como Khueleni (2003:8), Domatob e Hall (2008, p. 30) revelam:

> Surgiu para preencher o fosso cada vez mais visível à medida que aumentava o fosso entre os países desenvolvidos e os países em desenvolvimento. Na sua

opinião, o jornalismo e os jornalistas devem desempenhar um papel importante na construção da nação, através da criação de uma consciência e unidade nacionais e do incentivo à cooperação e à existência pacífica entre comunidades diversas e por vezes hostis. A sua expetativa em relação ao jornalismo de desenvolvimento é que os profissionais dos meios de comunicação do Terceiro Mundo vejam os meios de comunicação como uma extensão das políticas governamentais de desenvolvimento social, económico e cultural.

A teoria do desenvolvimento dos meios de comunicação social, de acordo com Okunna (1999), aceita que o desenvolvimento económico e a construção da nação devem ter precedência sobre alguma liberdade de imprensa e dos indivíduos. Além disso, a teoria defende que os meios de comunicação social devem ajudar o governo na tarefa de construção da nação e que o governo deve controlar os meios de comunicação social e os jornalistas para atingir este objetivo. Em suma, os princípios fundamentais da teoria, tal como identificados por McQuail (1987), são

(a) Os meios de comunicação social devem aceitar e realizar tarefas de desenvolvimento positivo em conformidade com a política estabelecida a nível nacional;

(b) A liberdade dos meios de comunicação social deve poder ser restringida em função das prioridades económicas e das necessidades de desenvolvimento da sociedade;

(c) Que os meios de comunicação social devem dar prioridade às notícias e informações com outros países em desenvolvimento que estejam próximos geográfica, cultural e politicamente;

(d) Que os meios de comunicação social devem dar prioridade, nos seus conteúdos, à cultura e às línguas nacionais);

(e) Que, no interesse do desenvolvimento, o Estado tem o direito de intervir ou restringir as operações dos meios de comunicação social e que os dispositivos de censura, subvenção e controlo direto podem ser justificados; e

(f) Que os jornalistas e outros trabalhadores dos meios de comunicação social têm responsabilidades e liberdades nas suas tarefas de recolha e divulgação de informações.

Nesta teoria, está encapsulado o pressuposto de que os meios de comunicação de massas e outros meios de comunicação têm o poder de influenciar positivamente o processo de desenvolvimento. Assim, a comunicação, tal como defendida pelos jornalistas rurais, tem como principal objetivo informar, educar e mobilizar as populações rurais para o desenvolvimento, para que aceitem e participem com os agentes de desenvolvimento na sua tentativa de melhorar as suas vidas.

A prática da comunicação para o desenvolvimento remonta a esforços empreendidos em várias partes do mundo durante a década de 1940. No entanto, a aplicação generalizada deste conceito surgiu na sequência de problemas decorrentes do rescaldo da Segunda Guerra Mundial. Os primeiros defensores desta disciplina são Daniel Lerner, Wilbur Schramm e Everett Rogers (Wikipédia, 2008). Esta teoria constitui a base do presente estudo, no sentido em que o planeamento e a implementação do desenvolvimento se baseiam principalmente na utilização da comunicação através de um canal de comunicação que permite alcançar o desenvolvimento. Nas palavras de Okunna (1994, p. 139)

> A comunicação para o desenvolvimento denota o emprego de todas as formas de comunicação, e não apenas dos meios de comunicação de massas, na promoção dos esforços de desenvolvimento nacional". Explica ainda que o jornalismo de desenvolvimento deve prestar uma atenção sustentada à cobertura de ideias, políticas, programas, actividades e eventos relacionados com a melhoria da vida das populações rurais.

Okunna (1999), prossegue dizendo que a teoria surgiu na década de 1980 para preencher um vazio que se tornou cada vez mais percetível à medida que o fosso entre os países desenvolvidos e os países em desenvolvimento se alargava. E continua:

> À medida que este fosso se alargava, tornou-se evidente que nenhuma das teorias clássicas da imprensa (autoritária, libertária, responsabilidade social) era estritamente aplicável aos países em desenvolvimento, apesar de os meios de comunicação social nestes países estarem a funcionar de acordo com alguns dos princípios das teorias clássicas. Consequentemente, surgiu a necessidade de uma teoria alternativa que pudesse explicar adequadamente a situação dos media nos países em desenvolvimento".

Esta teoria baseia-se na perceção da imprensa como um instrumento poderoso que pode ser utilizado para alcançar um desenvolvimento positivo em qualquer sociedade Nwabueze (2005:5). De facto, Wogu (2008) confirma que "a teoria foi proposta por peritos africanos com o objetivo de canalizar a comunicação para as necessidades de desenvolvimento nos países do terceiro mundo". Baseia-se na crença de que os meios de comunicação social devem estar na vanguarda do desenvolvimento e que os meios de comunicação social não devem ser apenas instrumentos de desenvolvimento, mas também impulsionar e determinar o desenvolvimento. Como diz Udoakah (1990) citado em Udeajah (2004):

> Num contexto de desenvolvimento, os meios de comunicação social são utilizados para realçar os esforços feitos pelas comunidades na construção de centros de saúde, estradas secundárias, centros cívicos e projectos semelhantes de autoajuda. São utilizados para chamar a atenção para os esforços do governo no desenvolvimento das zonas rurais, através do fornecimento de eletricidade, água canalizada, pequenas indústrias e estradas, a fim de travar o desvio dos alunos que abandonam a escola para as zonas urbanas. Os meios de comunicação social são, de facto, utilizados pelo governo em programas de mobilização de massas.

Assim, os princípios básicos da teoria, de acordo com McQuail (1987) em Nwabueze (2005), são que os meios de comunicação social devem realizar tarefas de desenvolvimento positivo em conformidade com a política nacional estabelecida. E continua:

> A liberdade dos meios de comunicação social deve estar aberta a restrições de acordo com as prioridades económicas e as necessidades de desenvolvimento da sociedade, os meios de comunicação social nos países em desenvolvimento devem alinhar os seus interesses com as notícias e a informação noutros países em desenvolvimento que estejam próximos geográfica, cultural e politicamente, as operações dos meios de comunicação social devem ser restringidas no interesse do desenvolvimento desse Estado".

Assim, a Teoria dos Meios de Comunicação Social para o Desenvolvimento vê os meios de comunicação social como poderosos e, portanto, como um instrumento através do qual o desenvolvimento pode ser alcançado numa sociedade. Os meios de comunicação social devem utilizar a linguagem adequada e enviar a mensagem relevante para permitir o desenvolvimento da agricultura em todas as sociedades. A escolha desta teoria é clara pelo facto de o estudo se centrar na perceção dos agricultores sobre o papel dos meios de comunicação social no desenvolvimento agrícola sustentável, um desenvolvimento em que o papel dos meios de comunicação social no desenvolvimento agrícola é muito apreciado.

2.5 Resumo do capítulo

Este capítulo fez uma revisão de conceitos relacionados, tais como programação, programação radiofónica e programas agrícolas. Neste capítulo também foi feita uma revisão da literatura geral e de estudos empíricos relacionados com o presente estudo. Os trabalhos revistos afirmaram que os meios de comunicação de massas são capazes de transmitir informação e têm numerosas influências sobre as pessoas, especialmente no que diz respeito ao aumento do conhecimento agrícola, da informação, da educação e da criatividade orientadas para o desenvolvimento sustentável. A teoria dos media para o desenvolvimento foi utilizada para formar o quadro teórico deste estudo. Afirma que os media têm um papel vital a desempenhar no desenvolvimento das sociedades, especialmente as dos países em desenvolvimento.

CAPÍTULO TRÊS
METODOLOGIA DE INVESTIGAÇÃO

3.1 Conceção da investigação

Para que os investigadores pudessem obter dados relevantes para este estudo, foi adotado o método de investigação por inquérito. Isto porque permite a recolha objetiva e autêntica de opiniões de amostras. De acordo com Nwogu (1991), a investigação por inquérito é um método em que um grupo de pessoas ou itens é considerado representativo de todo o grupo. Por conseguinte, especifica a forma como esses dados serão recolhidos e analisados. Okoro (2001) também apontou algumas vantagens do método de investigação por inquérito, afirmando que é útil para medir a opinião pública, a atitude e a orientação que são dominantes entre uma grande população num determinado período.

Poupa igualmente tempo e custos ao estudar a amostra representativa da população, quando não for possível estudar toda a população.

3.2 População do estudo

A população escolhida para esta investigação incluía todos os residentes do Estado de Benue. De acordo com o Gabinete Nacional de Estatística, a população projectada para o Estado de Benue é de 6 141 300 habitantes (NBS, 2023).

3.3 Dimensão da amostra

Para obter uma dimensão exacta da amostra da população, o investigador calculou-a estatisticamente utilizando a fórmula de Taro Yamane (1967) para determinar a dimensão da amostra da população. Taro Yamane (1967). A fórmula de Taro Yamane é a seguinte

$$N = \frac{N}{1+N(e)^2}$$

Onde

n = Tamanho da amostra

N = tamanho da população

e = margem de erro (0,05)

I = Unidade de população

$$n = \frac{N}{1 + N(e)^2}$$

Assim:

$$n = \frac{6,141,300}{1 + 6,141,300\ (0.0025)}$$

$$n = \frac{6,141,300}{1 + 15,353.25}$$

$$n = \frac{6,141,300}{15,353.25}$$

N = 400

3.4 Técnicas e procedimentos de amostragem

O estudo adoptou uma técnica de amostragem em várias fases. A técnica de amostragem estratificada, a amostragem aleatória simples e as técnicas de amostragem intencional foram utilizadas para selecionar a amostra para a população deste estudo. O primeiro passo no processo de seleção da amostra envolveu a utilização da técnica de amostragem estratificada para dividir o Estado de Benue em três zonas, nomeadamente, Zona A, Zona B e Zona C, respetivamente. A justificação para a adoção da técnica de amostragem estratificada foi permitir que os investigadores dividissem toda a população numa pequena população investigável, uma vez que todo o Estado de Benue não pode ser investigado devido à sua dimensão.

A segunda fase deste processo de seleção da amostra foi a utilização da técnica de amostragem aleatória simples. Os investigadores selecionaram aleatoriamente seis (6) bairros de cada uma das autarquias locais. A justificação da adoção da amostragem aleatória simples assegurou que o indivíduo ou os inquiridos tivessem a mesma possibilidade de serem selecionados durante o estudo. Tendo selecionado seis (6) bairros das seis autarquias locais, os investigadores utilizaram novamente a técnica de amostragem aleatória simples para escolher duas (2) ruas dos seis (6) bairros. Para conseguir esta seleção aleatória, o investigador escreveu os nomes de todas as ruas de cada uma das circunscrições em pedaços de papel separados e etiquetou-os de acordo com as suas circunscrições, colocando-os separadamente em seis (6) frascos, vendou os olhos a um assistente de investigação que escolheu aleatoriamente dois pedaços de papel de cada um dos doze (6) frascos. Assim, foram escolhidas doze ruas, duas (2) de cada uma das seis alas. As ruas selecionadas foram: Ernyi e Mzambe Street em Makurdi, Shaater e Tever Street em Tarka, Ameh e Akpa Street em Otukpo, Ulegede e Omirida Street em Oju, Achoo Azaga e Anyor Hila Street em Gboko e Kula e Kater Street na Administração Local de Vandeikya. Isto elevou o número total de ruas selecionadas para doze (12).

Depois disso, os investigadores utilizaram a técnica de amostragem intencional para selecionar quatro (4) complexos em cada uma das ruas, dois compostos à direita e dois compostos à esquerda, após um intervalo de sete (7) casas para o estudo. Isto elevou o número total de compostos selecionados para quarenta e oito (48).

A última fase do processo de seleção da amostra envolveu o uso da técnica de amostragem intencional para selecionar 33 inquiridos de cada uma das ruas acima mencionadas para administrar o questionário em relação a este estudo. Entretanto, foram escolhidos 35 inquiridos das ruas Ernyi e Mzambe devido à sua proximidade com o estudo, o que perfaz um total de 400 inquiridos. A justificação da utilização da amostragem intencional foi que os inquiridos mostraram vontade de participar no inquérito.

Quadro 1: questionário de acordo com as ruas

Ernyi	35
Mzambe	35
Shaater	33
Terver	33
Ameh	33
Akpa	33
Omirida	33
Ulegede	33
Azaga	33
Anyor Hila	33
Kula	33
Kater	33
Total	**400**

Fonte: Inquérito de campo, 2023

3.5 Instrumento de investigação e administração

Os investigadores utilizaram um questionário para obter informações relevantes para o estudo. O questionário é um instrumento de recolha de dados através do qual os inquiridos recebem perguntas padrão ou abertas para preencherem por escrito. Isto significa que um questionário contém perguntas pré-determinadas para obter respostas específicas dos inquiridos.

O instrumento foi utilizado com um questionário de quinze (15) perguntas para obter informações dos inquiridos que ajudassem a responder às questões levantadas no capítulo um (1) deste estudo. Um total de catorze (14) itens do questionário foi administrado através de um contacto individual com os inquiridos nas áreas em questão. E dois dias após a administração, o questionário foi recolhido e analisado.

3.6 Método de recolha de dados

Os investigadores utilizaram fontes primárias e secundárias para recolher informações para o estudo, sendo que o questionário utilizado para obter informações dos inquiridos constituiu as fontes primárias. Os materiais de biblioteca, tais como livros, revistas, Internet e notas de aula não publicadas, constituíram as fontes secundárias.

3.7 Método de análise de dados

Os dados obtidos para a investigação foram recolhidos e analisados utilizando tabelas (formatação simples) e estatísticas simples de frequências.

CAPÍTULO QUATRO
APRESENTAÇÃO E ANÁLISE DE DADOS

4.1 Apresentação dos dados

O foco deste capítulo é a apresentação dos dados recolhidos no inquérito realizado pelo investigador através do questionário administrado. Os investigadores distribuíram 400 cópias do questionário, mas apenas 382 foram recuperadas, as outras 18 estavam mutiladas ou incorretamente preenchidas. Assim, a apresentação e a análise baseiam-se nas respostas dos 382 inquiridos.

Quadro 1: Dados demográficos dos inquiridos

Opções	Frequência	Percentagem %
Masculino	179	47
Feminino	203	53
Total	**382**	**100**
Opções	**Frequência**	**Percentagem %**
18-25	198	52
26-35	106	28
36-45	56	14
46 anos ou mais	32	8
Total	**382**	**100**
Opções	**Frequência**	**Percentagem %**
Funcionário público	100	26
Agricultor	199	52
Estudante	40	10
Trabalhador independente	**43**	11
Total	**382**	**100**
Opções	**Frequência**	**Percentagem %**
Individual	231	60
Casado	105	27
Divorciado	45	11
Total	**382**	**100**
Opções	**Frequência**	**Percentagem %**
Primário	75	20
Secundário	87	23
Terciário	220	57
Total	**382**	**100**

Fonte: Inquérito de campo, 2023

O Quadro 1 procurou conhecer os dados demográficos dos inquiridos. Os dados da tabela revelaram que 179 inquiridos (47%) eram do sexo masculino e 203 inquiridos (53%) eram do sexo feminino. Isto implica que o estudo não foi tendencioso em termos de género. Além disso, no que diz respeito à idade dos inquiridos, 198 (52%) tinham entre 18 e 25 anos, 106 (28%) tinham entre 26 e 35 anos, 56 inquiridos (14%) tinham entre 36 e 45 anos e 32 (8%) tinham entre 46 anos e mais. 100 (26%) eram funcionários públicos, 199 (52%) eram agricultores, 40 (10%) eram estudantes e 43 (11%) eram trabalhadores independentes. 231 inquiridos (60%) eram solteiros, 105 (27%) eram casados e 45 (11%) eram divorciados. Por último, 75 inquiridos (20%) frequentaram o ensino primário, 87 (23%) frequentaram o ensino secundário e 220 (57%) frequentaram instituições de ensino superior. Isto significa que os inquiridos são suficientemente alfabetizados para responder ao questionário.

Tabela 2: Audiência dos inquiridos à Rádio Benue

Opções	**Frequência**	**Percentagem %**
Sim	382	100
Não	--	--
100	**382**	**100**

Fonte: Inquérito de campo, 2023

O quadro 2 procurava saber se os inquiridos ouviam a Rádio Benue. É evidente que todos os 382 inquiridos ouvem a Rádio Benue.

Quadro 3: Frequência com que os inquiridos ouvem a Rádio Benue

Opções	**Frequência**	**Percentagem %**
Todos os dias	142	37
Duas vezes por semana	116	30
Uma vez por semana	68	18
Uma vez por mês	56	15
Total	**382**	**100**

Fonte: Inquérito de campo, 2023

O quadro 3 procurava determinar a frequência com que os inquiridos ouviam a Rádio Benue. Os dados do quadro mostram que 142 (37%) ouvem a Rádio Benue todos os dias, 116 (30%) ouvem a Rádio Benue duas vezes por semana, 68 (18%) ouvem a Rádio Benue uma vez por semana e 56 (15%) ouvem a Rádio Benue uma vez por mês. Isto significa que os inquiridos são ouvintes fervorosos da Rádio Benue.

Quadro 4: Conhecimento dos inquiridos sobre a natureza dos programas agrícolas na Radio Benue

Opções	Frequência	Percentagem %
Sim, estou ciente	367	96
Não, não tenho conhecimento	15	4
100	**382**	**100**

Fonte: Inquérito de campo, 2023

O Quadro 4 procurou saber se os inquiridos conhecem a natureza dos programas agrícolas da Rádio Benue que promovem a utilização de plântulas de culturas melhoradas entre os agricultores do Estado de Benue. O quadro revela que, dos 382 inquiridos, 367 (96%) têm conhecimento da natureza dos programas agrícolas da Rádio Benue que promovem a utilização de plântulas de culturas melhoradas entre os agricultores do Estado de Benue, enquanto 15 (4%) não têm conhecimento da natureza dos programas agrícolas da Rádio Benue que promovem a utilização de plântulas de culturas melhoradas entre os agricultores do Estado de Benue.

Quadro 5: Natureza dos programas agrícolas na Radio Benue

Opções	Frequência	Percentagem %
Aumentar o conhecimento dos agricultores sobre os benefícios da utilização de plântulas de culturas melhoradas	121	33

Incentivar os agricultores a adoptarem melhores mudas de culturas	110	30
Sensibilizar para a disponibilidade de plântulas dc culturas melhoradas	81	22
Todas as opções anteriores	55	15
100	**367**	**100**

Fonte: Inquérito de campo, 2023

A Tabela 5 procurou identificar a natureza dos programas agrícolas da Rádio Benue que promovem o uso de mudas de culturas melhoradas entre os agricultores do Estado de Benue. Os dados da tabela mostraram que 121 (33%) observaram que uma das caraterísticas dos programas agrícolas da Rádio Benue que promovem a utilização de mudas de culturas melhoradas entre os agricultores do Estado de Benue é o facto de aumentarem os conhecimentos dos agricultores sobre os benefícios da utilização de mudas de culturas melhoradas. 110 (30%) afirmaram que a natureza dos programas agrícolas da Rádio Benue que promovem a utilização de plântulas de culturas melhoradas entre os agricultores do Estado de Benue é a de encorajar os agricultores a adotar plântulas de culturas melhoradas. 81 (22%) opinaram que a natureza dos programas agrícolas da Rádio Benue que promovem a utilização de plântulas de culturas melhoradas entre os agricultores do Estado de Benue é a de sensibilizar para a disponibilidade de plântulas de culturas melhoradas. Por último, 55 (15%) concordaram que a natureza dos programas agrícolas da Rádio Benue que promovem a utilização de plântulas de culturas melhoradas entre os agricultores do Estado de Benue é que aumentam os conhecimentos dos agricultores sobre os benefícios da utilização de plântulas de culturas melhoradas, incentivam os agricultores a adotar plântulas de culturas melhoradas e criam uma consciência sobre a disponibilidade de plântulas de culturas melhoradas.

Tabela 6: Opinião dos inquiridos sobre a utilidade dos programas agrícolas da Rádio Benue na promoção da utilização de mudas de culturas melhoradas

Opções	Frequência	Percentagem %
Muito útil	132	36
Útil	106	29
Não é muito útil	70	19
Não é útil	59	16
Total	**367**	**100**

Fonte: Inquérito de campo, 2023

O Quadro 6 procurou determinar a opinião dos inquiridos sobre a utilidade dos programas agrícolas da Rádio Benue na promoção do uso de mudas de culturas melhoradas. Os dados do quadro mostraram que 132 inquiridos (36%) concordaram que os programas agrícolas da Rádio Benue são muito úteis para promover a utilização de plântulas de culturas melhoradas, 106 (29%) observaram que os programas agrícolas da Rádio Benue são úteis para promover a utilização de plântulas de culturas melhoradas. Além disso, 70 (19%) afirmaram que os programas agrícolas da Rádio Benue não são muito úteis para promover a utilização de plântulas de culturas melhoradas, enquanto 59 (16%) disseram que os programas agrícolas da Rádio Benue não são úteis para promover a utilização de plântulas de culturas melhoradas. Isto implica que os programas agrícolas da Rádio Benue são muito úteis para promover a utilização de plântulas de culturas melhoradas entre os agricultores do Estado de Benue.

Tabela 7: Consciência dos inquiridos sobre a influência da Rádio Benue na promoção da utilização de plântulas de culturas melhoradas

Opções	Frequência	Percentagem %
Sim, eu sei	367	100
Não, não tenho	--	--
100	**367**	**100**

Fonte: Inquérito de campo, 2023

A Tabela 7 procurou descobrir o conhecimento dos inquiridos sobre a influência da Rádio Benue na promoção do uso de mudas de culturas melhoradas. Os dados mostram que todos os 367 inquiridos estão conscientes da influência da Rádio Benue na promoção da utilização de plântulas de culturas melhoradas.

Tabela 8: Influência da Rádio Benue na promoção do uso de mudas de culturas melhoradas

Opções	Frequência	Percentagem %
Motivar os agricultores para a adoção de plântulas de culturas melhoradas	137	37
Prestação de aconselhamento técnico sobre a utilização de plântulas de culturas melhoradas	101	28
Tornar as plântulas de culturas melhoradas mais acessíveis aos agricultores	75	20
Todas as opções anteriores	54	15
Total	**367**	**100**

Fonte: Inquérito de campo, 2023

A Tabela 8 procurou estabelecer a influência da Rádio Benue na promoção do uso de mudas de culturas melhoradas. Os dados da tabela revelaram que 137 (37%) notaram que a influência da Rádio Benue na promoção do uso de mudas de culturas melhoradas é que motiva os agricultores a adotar mudas de culturas melhoradas. 101 (28%) afirmaram que a influência da Rádio Benue na Promoção da utilização de plântulas de culturas melhoradas reside no facto de prestar aconselhamento técnico sobre a utilização de plântulas de culturas melhoradas, 75 (20%) disseram que a influência da Rádio Benue na Promoção da utilização de plântulas de culturas melhoradas reside no facto de tornar as plântulas de culturas melhoradas mais acessíveis aos agricultores. Por último, 54 (15%) concordaram que a influência da Rádio Benue na promoção da utilização de plântulas de culturas melhoradas reside no facto de motivar os agricultores a adoptarem plântulas de culturas melhoradas, fornecer conselhos técnicos sobre a utilização de plântulas de culturas melhoradas e tornar as plântulas de culturas melhoradas mais acessíveis aos agricultores. Isto implica que a Rádio Benue tem uma influência positiva na promoção da utilização de plântulas de culturas melhoradas entre os agricultores do Estado de Benue.

Quadro 9: Grau de influência da Rádio Benue na promoção da utilização de plântulas de culturas melhoradas entre os agricultores do Estado de Benue

Opções	Frequência	Percentagem %
Muito elevado	262	71
Elevado	83	23
Baixa	22	6
Total	**367**	**100**

Fonte: Inquérito de campo, 2023

A Tabela 9 procurou verificar até que ponto a Rádio Benue influencia a promoção do uso de mudas de culturas melhoradas entre os agricultores no Estado de Benue. Os dados do quadro revelam que 262 (71%) afirmaram que a Rádio Benue influencia muito a promoção da utilização de plântulas de culturas melhoradas entre os agricultores do Estado de Benue, 83

(23%) concordaram que a Rádio Benue influencia muito a promoção da utilização de plântulas de culturas melhoradas entre os agricultores do Estado de Benue, enquanto 22 (6%) afirmaram que a Rádio Benue influencia pouco a promoção da utilização de plântulas de culturas melhoradas entre os agricultores do Estado de Benue. Isto implica que a Rádio Benue tem uma influência muito elevada na promoção da utilização de plântulas de culturas melhoradas entre os agricultores do Estado de Benue.

Quadro 10: Consciência dos inquiridos sobre a eficácia do programa de cabazes alimentares da Radio Benue na promoção da utilização de mudas de culturas melhoradas

Opções	Frequência	Percentagem %
Sim, eu sei	367	100
Não, não tenho	--	--
100	**367**	**100**

Fonte: Inquérito de campo, 2023

O objetivo da tabela 10 acima é verificar o conhecimento dos inquiridos sobre a eficácia do programa do Cabaz Alimentar da Rádio Benue na promoção do uso de mudas de culturas melhoradas. Evidentemente, todos os 367 (100%) estão conscientes da eficácia do programa do Cabaz Alimentar da Rádio Benue na promoção da utilização de mudas de culturas melhoradas. Isto implica que os inquiridos conhecem a eficácia do programa do Cabaz Alimentar da Rádio Benue na promoção da utilização de plântulas de culturas melhoradas entre os agricultores do Estado de Benue.

Quadro 11: Eficácia do programa de cabazes alimentares da Radio Benue na promoção do uso de mudas de culturas melhoradas

Opções	Frequência	Percentagem %
Muito eficaz	236	71
Eficaz	106	29
Não eficaz	25	7

Total	**367**	**100**

Fonte: Inquérito de campo, 2023

A Tabela 11 procurou determinar a eficácia do programa de Cestas de Alimentos da Rádio Benue na promoção do uso de mudas de culturas melhoradas entre os agricultores do Estado de Benue. Os dados do quadro revelaram que 236 inquiridos (71%) concordaram que o programa de Cabaz Alimentar da Rádio Benue é muito eficaz na promoção da utilização de plântulas de culturas melhoradas entre os agricultores do Estado de Benue, 106 (29%) disseram que o programa de Cabaz Alimentar da Rádio Benue é eficaz na promoção da utilização de plântulas de culturas melhoradas entre os agricultores do Estado de Benue, enquanto 25 (7%) observaram que o programa de Cabaz Alimentar da Rádio Benue não é eficaz na promoção da utilização de plântulas de culturas melhoradas entre os agricultores do Estado de Benue.

Quadro 12: Consciência dos inquiridos sobre os desafios que impedem o programa da Radio Benue de promover a utilização de plântulas de culturas melhoradas entre os agricultores do Estado de Benue

Opções	**Frequência**	**Percentagem %**
Sim, eu sei	367	100
Não, não tenho	--	--
100	**367**	**100**

Fonte: Inquérito de campo, 2023

O Quadro 12 procurou conhecer o conhecimento dos inquiridos sobre os desafios que impedem o programa da Rádio Benue de promover a utilização de plântulas de culturas melhoradas entre os agricultores do Estado de Benue. Os dados da tabela indicam que todos os 367 inquiridos, representando (100%), estão conscientes dos desafios que impedem o programa da Rádio Benue de promover a utilização de plântulas de culturas melhoradas entre os agricultores do Estado de Benue. Isto implica que os inquiridos têm um conhecimento em primeira mão dos desafios que impedem o programa da Rádio Benue de promover a utilização de plântulas de culturas melhoradas entre os agricultores do Estado de Benue.

Tabela 13: Desafios que dificultam o programa da Radio Benue na promoção do uso de mudas de culturas melhoradas entre os agricultores no Estado de Benue

Opções	Frequência	Percentagem %
Fundos insuficientes	156	43
Conteúdo deficiente do programa	110	30
Falta de instalações de transmissão de última geração	73	20
Todas as opções anteriores	28	7
Total	**367**	**100**

Fonte: Inquérito de campo, 2023

A Tabela 13 procurou determinar os desafios que dificultam o programa da Rádio Benue na promoção do uso de mudas de culturas melhoradas entre os agricultores no Estado de Benue. A partir da tabela, é evidente que 156 inquiridos (43%) notaram que a insuficiência de fundos é um dos desafios que dificultam o programa da Rádio Benue na promoção da utilização de sementes de culturas melhoradas entre os agricultores do Estado de Benue. Além disso, 110 (30%) concordaram que a falta de conteúdo do programa é um dos desafios que dificultam o programa da Rádio Benue na promoção da utilização de sementes de culturas melhoradas entre os agricultores do Estado de Benue. Entretanto, 73 (20%) afirmaram que a falta de instalações de transmissão de última geração é outro desafio que dificulta o programa da Rádio Benue na promoção da utilização de plântulas de culturas melhoradas entre os agricultores do Estado de Benue, enquanto 28 (7%) opinaram que os desafios que dificultam o programa da Rádio Benue na promoção da utilização de plântulas de culturas melhoradas entre os agricultores do Estado de Benue incluem: fundos insuficientes, conteúdo deficiente do programa e falta de instalações de transmissão de última geração. Isto implica que a insuficiência de fundos, o conteúdo deficiente dos programas e a falta de instalações de transmissão de última geração foram os desafios encontrados.

Tabela 14: Até que ponto os desafios impedem a Radio Benue de promover o uso de mudas de culturas melhoradas entre os agricultores no Estado de Benue

Opções	Frequência	Percentagem %
Muito grande	206	56
Grande	116	31
Pequeno	45	12
Total	**367**	**100**

Fonte: Inquérito de campo, 2023

O Quadro 14 procurou determinar em que medida os desafios dificultam o programa da Rádio Benue na promoção da utilização de sementes de culturas melhoradas entre os agricultores do Estado de Benue. Evidentemente, 206 inquiridos (56%) concordaram que os desafios dificultam em grande medida o programa da Rádio Benue na promoção da utilização de plântulas de culturas melhoradas entre os agricultores do Estado de Benue, 116 (31%) opinaram que em grande medida os desafios dificultam o programa da Rádio Benue na promoção da utilização de plântulas de culturas melhoradas entre os agricultores do Estado de Benue, enquanto 45 (12%) afirmaram que em pequena medida os desafios dificultam o programa da Rádio Benue na promoção da utilização de plântulas de culturas melhoradas entre os agricultores do Estado de Benue.

Quadro 15: Opinião dos inquiridos sobre se é possível lidar com os desafios que impedem a Radio Benue de promover a utilização de plântulas de culturas melhoradas entre os agricultores do Estado de Benue

Opções	Frequência	Percentagem %
Sim, eu sei	367	100
Não, não tenho	--	--
100	**367**	**100**

Fonte: Inquérito de campo, 2023

O Quadro 15 procurou saber a opinião dos inquiridos sobre a possibilidade de resolver os desafios que impedem a Rádio Benue de promover a utilização de plântulas de culturas melhoradas entre os agricultores do Estado de Benue. Todos os 367 inquiridos (100%) concordaram que os desafios que impedem a Rádio Benue de promover a utilização de plântulas de culturas melhoradas entre os agricultores do Estado de Benue podem ser resolvidos.

Tabela 16: Formas de lidar com os desafios que impedem a Radio Benue de promover o uso de mudas de culturas melhoradas entre os agricultores do Estado de Benue

Opções	Frequência	Percentagem %
Disponibilização de fundos suficientes	126	34
Melhoria do conteúdo do programa	108	29
Fornecimento de instalações de transmissão de última geração	103	28
Todas as opções anteriores	30	8
Total	**367**	**100**

Fonte: Inquérito de campo, 2023

A Tabela 16 procurou estabelecer as formas através das quais os desafios que impedem a Rádio Benue de promover o uso de mudas de culturas melhoradas entre os agricultores no Estado de Benue podem ser resolvidos. Os dados da tabela mostraram que 126 (34%) notaram que uma das formas de lidar com os desafios que impedem a Rádio Benue de promover o uso de mudas de culturas melhoradas entre os agricultores no Estado de Benue é através da disponibilização de fundos suficientes, 108 (29%) concordaram que, ao melhorar o conteúdo do programa do Cabaz Alimentar, os desafios que impedem a Rádio Benue de promover o uso de mudas de culturas melhoradas entre os agricultores no Estado de Benue podem ser resolvidos. Mais ainda, 103 (28%) afirmaram que os desafios que impedem a Rádio Benue de promover o uso de mudas de culturas melhoradas entre os agricultores do Estado de Benue podem ser resolvidos através da disponibilização de instalações de transmissão de última geração. Por último, 30 (8%) disseram que os desafios que impedem a Rádio Benue de promover a utilização de plântulas de culturas melhoradas entre os agricultores no Estado de Benue podem ser resolvidos através da disponibilização de fundos suficientes, da melhoria do conteúdo do programa e da disponibilização de instalações de transmissão de última geração. Isto implica que, com a disponibilização de fundos suficientes, a melhoria do conteúdo dos programas e a disponibilização de instalações de radiodifusão de última geração, é possível resolver os desafios que impedem a Rádio Benue de promover a utilização de plântulas de culturas melhoradas entre os agricultores do Estado de Benue.

4.2 Resposta às perguntas de investigação

Tendo apresentado os dados acima, que utilizaram o questionário para análise, é imperativo utilizar aqui os dados recolhidos através deste instrumento para responder às questões de investigação que foram levantadas no primeiro capítulo do estudo.

Primeira pergunta de investigação: Qual é a natureza dos programas agrícolas na Rádio Benue que promovem a utilização de plântulas de culturas melhoradas entre os agricultores do

Estado de Benue?

Resposta: Os Quadros 4 e 5 fornecem a resposta a esta pergunta de investigação. O Quadro 4 revela que, dos 382 inquiridos, 367 (96%) conhecem a natureza dos programas agrícolas da Rádio Benue que promovem a utilização de mudas de culturas melhoradas entre os agricultores do Estado de Benue, enquanto 15 (4%) não conhecem a natureza dos programas agrícolas da Rádio Benue que promovem a utilização de mudas de culturas melhoradas entre os agricultores do Estado de Benue.

Os dados da Tabela 5 mostram que 121 (33%) notaram que uma das caraterísticas dos programas agrícolas da Rádio Benue que promovem o uso de mudas de culturas melhoradas entre os agricultores do Estado de Benue é o facto de aumentarem o conhecimento dos agricultores sobre os benefícios do uso de mudas de culturas melhoradas. 110 (30%) afirmaram que a natureza dos programas agrícolas da Rádio Benue que promovem a utilização de plântulas de culturas melhoradas entre os agricultores do Estado de Benue é a de encorajar os agricultores a adotar plântulas de culturas melhoradas. 81 (22%) opinaram que a natureza dos programas agrícolas da Rádio Benue que promovem a utilização de plântulas de culturas melhoradas entre os agricultores do Estado de Benue é a de sensibilizar para a disponibilidade de plântulas de culturas melhoradas. Por último, 55 (15%) concordaram que a natureza dos programas agrícolas da Rádio Benue que promovem a utilização de plântulas de culturas melhoradas entre os agricultores do Estado de Benue é que aumentam os conhecimentos dos agricultores sobre os benefícios da utilização de plântulas de culturas melhoradas, incentivam os agricultores a adotar plântulas de culturas melhoradas e criam uma consciência sobre a disponibilidade de plântulas de culturas melhoradas.

Segunda pergunta de investigação: Qual é a influência do programa *do cabaz alimentar* da Rádio Benue na promoção da utilização de plântulas de culturas melhoradas entre os agricultores do Estado de Benue?

Resposta: Os quadros 8 e 9 foram utilizados para responder a esta pergunta de investigação. Os dados da Tabela revelaram que 137 (37%) notaram que a influência da Rádio Benue na Promoção do uso de plântulas de culturas melhoradas é o facto de motivar os agricultores a adotar plântulas de culturas melhoradas. 101 (28%) afirmaram que a influência da Rádio Benue na Promoção da utilização de plântulas de culturas melhoradas reside no facto de fornecer conselhos técnicos sobre a utilização de plântulas de culturas melhoradas, 75 (20%) disseram que a influência da Rádio Benue na Promoção da utilização de plântulas de culturas melhoradas reside no facto de tornar as plântulas de culturas melhoradas mais acessíveis aos agricultores. Por último, 54 (15%) concordaram que a influência da Rádio Benue na promoção da utilização de plântulas de culturas melhoradas reside no facto de motivar os agricultores a adoptarem plântulas de culturas melhoradas, prestar aconselhamento técnico sobre a utilização de plântulas de culturas melhoradas e tornar as plântulas de culturas melhoradas mais acessíveis aos agricultores. Isto implica que a Rádio Benue tem uma influência positiva na promoção da utilização de plântulas de culturas melhoradas entre os agricultores do Estado de Benue.

Os dados do quadro 9 revelaram que 262 (71%) afirmaram que a Rádio Benue influencia a promoção da utilização de plântulas de culturas melhoradas entre os agricultores do Estado de Benue num grau muito elevado, 83 (23%) concordaram que a Rádio Benue influencia a promoção da utilização de plântulas de culturas melhoradas entre os agricultores do Estado de Benue num grau elevado, enquanto 22 (6%) afirmaram que a Rádio Benue influencia a promoção da utilização de plântulas de culturas melhoradas entre os agricultores do Estado de Benue num grau baixo. Isto implica que a Rádio Benue tem uma influência muito elevada na promoção da utilização de plântulas de culturas melhoradas entre os agricultores do Estado de Benue.

Terceira pergunta de investigação: Qual é a eficácia do programa *de cabazes alimentares* da Radio Benue na promoção da utilização de plântulas de culturas melhoradas entre os agricultores do Estado de Benue?

Resposta: Os quadros 10 e 11 fornecem a resposta a esta pergunta de investigação. A partir da tabela 10, é evidente que todos os 367 (100%) estão cientes da eficácia do programa do Cabaz Alimentar da Rádio Benue na promoção da utilização de mudas de culturas melhoradas. Isto implica que os inquiridos sabem até que ponto o programa de cabaz alimentar da Rádio Benue é eficaz na promoção da utilização de plântulas de culturas melhoradas entre os agricultores do Estado de Benue.

Os dados da Tabela 11 revelaram que 236 inquiridos (71%) concordaram que o programa de Cabaz Alimentar da Rádio Benue é muito eficaz na promoção do uso de mudas de culturas melhoradas entre os agricultores do Estado de Benue, 106 (29%) disseram que o programa de Cabaz Alimentar da Rádio Benue é eficaz na promoção do uso de mudas de culturas melhoradas entre os agricultores do Estado de Benue, enquanto 25 (7%) notaram que o programa de Cabaz Alimentar da Rádio Benue não é eficaz na promoção do uso de mudas de culturas melhoradas entre os agricultores do Estado de Benue.

Quarta questão de investigação: Quais são os desafios que impedem o programa de *Cestas de Alimentos* da Radio Benue de promover o uso de mudas de culturas melhoradas entre os agricultores do Estado de Benue?

Resposta: Os quadros 13 e 14 foram utilizados para responder a esta pergunta de investigação. A partir da Tabela 13, ficou evidente que 156 inquiridos (43%) notaram que a insuficiência de fundos é um dos desafios que impedem o programa da Rádio Benue de promover a utilização de sementes de culturas melhoradas entre os agricultores no Estado de Benue. Além disso, 110 (30%) concordaram que a falta de conteúdo do programa é um dos desafios que dificultam o programa da Rádio Benue na promoção da utilização de sementes de culturas melhoradas entre os agricultores do Estado de Benue. Entretanto, 73 (20%) afirmaram que a falta de instalações de transmissão de última geração é outro desafio que dificulta o programa da Rádio Benue na promoção da utilização de plântulas de culturas melhoradas entre os agricultores do Estado de Benue, enquanto 28 (7%) opinaram que os desafios que dificultam o programa da Rádio Benue na promoção da utilização de plântulas de culturas melhoradas entre os agricultores do Estado de Benue incluem: fundos insuficientes, conteúdo deficiente do programa e falta de instalações de transmissão de última geração. Isto implica que a insuficiência de fundos, o conteúdo deficiente dos programas e a falta de instalações de transmissão de última geração foram os desafios encontrados.

Os dados do Quadro 14 mostram que 206 inquiridos (56%) concordaram que os desafios dificultam em grande medida o programa da Rádio Benue na promoção da utilização de plântulas de culturas melhoradas entre os agricultores do Estado de Benue, 116 (31%) opinaram que em grande medida os desafios dificultam o programa da Rádio Benue na promoção da utilização de plântulas de culturas melhoradas entre os agricultores do Estado de Benue, enquanto 45 (12%) afirmaram que em pequena medida os desafios dificultam o programa da Rádio Benue na promoção da utilização de plântulas de culturas melhoradas entre os agricultores do Estado de Benue.

4.3 Discussão dos resultados

Este estudo, "Avaliação do programa do *Cabaz Alimentar* da Rádio Benue na promoção da utilização de mudas de culturas melhoradas entre os agricultores do Estado de Benue", tem os seguintes objectivos descobrir a natureza dos programas agrícolas da Rádio Benue que promovem a utilização de plântulas de culturas melhoradas entre os agricultores do Estado de Benue, estabelecer a influência do programa do *Cabaz Alimentar* da Rádio Benue na promoção da utilização de plântulas de culturas melhoradas entre os agricultores do Estado de Benue, determinar a eficácia do programa do *Cabaz Alimentar* da Rádio Benue na promoção da utilização de plântulas de culturas melhoradas entre os agricultores do Estado de Benue e avaliar os desafios que impedem o programa do *Cabaz Alimentar* da Rádio Benue de promover a utilização de plântulas de culturas melhoradas entre os agricultores do Estado de Benue.

O primeiro objetivo era descobrir a natureza dos programas agrícolas da Rádio Benue que promovem a utilização de plântulas de culturas melhoradas entre os agricultores do Estado de Benue. Os resultados revelaram que a natureza dos programas agrícolas da Rádio Benue que promovem a utilização de plântulas de culturas melhoradas entre os agricultores do Estado de Benue é a de aumentar os conhecimentos dos agricultores sobre os benefícios da utilização de plântulas de culturas melhoradas, incentivar os agricultores a adotar plântulas de culturas melhoradas e sensibilizar para a disponibilidade de plântulas de culturas melhoradas. Os quadros 4 e 5 corroboram este ponto de vista. O Quadro 4 revela que, dos 382 inquiridos, 367 (96%) conhecem a natureza dos programas agrícolas da Rádio Benue que promovem a utilização de plântulas de culturas melhoradas entre os agricultores do Estado de Benue, enquanto 15 (4%) não conhecem a natureza dos programas agrícolas da Rádio Benue que promovem a utilização de plântulas de culturas melhoradas entre os agricultores do Estado de Benue.

Os dados da Tabela 5 mostram que 121 (33%) notaram que uma das caraterísticas dos programas agrícolas da Rádio Benue que promovem o uso de mudas de culturas melhoradas entre os agricultores do Estado de Benue é o facto de aumentarem o conhecimento dos agricultores sobre os benefícios do uso de mudas de culturas melhoradas. 110 (30%) afirmaram que a natureza dos programas agrícolas da Rádio Benue que promovem a utilização de plântulas de culturas melhoradas entre os agricultores do Estado de Benue é a de encorajar os agricultores a adotar plântulas de culturas melhoradas. 81 (22%) opinaram que a natureza dos programas agrícolas da Rádio Benue que promovem a utilização de plântulas de culturas melhoradas entre os agricultores do Estado de Benue é a de sensibilizar para a disponibilidade de plântulas de culturas melhoradas. Por último, 55 (15%) concordaram que a natureza dos programas agrícolas da Rádio Benue que promovem a utilização de plântulas de culturas melhoradas entre os agricultores do Estado de Benue é que aumentam os conhecimentos dos agricultores sobre os benefícios da utilização de plântulas de culturas melhoradas, incentivam os agricultores a adotar plântulas de culturas melhoradas e criam uma consciência sobre a disponibilidade de plântulas de culturas melhoradas.

Okwu e Daudu (2011) corroboraram esta constatação quando afirmaram que os programas de rádio agrícola cobrem vários aspectos da agricultura, incluindo a produção de culturas, a pecuária, a pesca, bem como a colheita, o processamento de armazenamento, estratégias de marketing e informações sobre crédito e empréstimos. Isreal e Wilson (2006) também acrescentaram que o desenvolvimento e a compreensão do público-alvo e do canal usado pelos produtores para obter informações é um pré-requisito para programas agrícolas eficientes, porque os programas que não são ouvidos não podem trazer mudanças, portanto, o rádio é o canal mais eficiente e ideal para programas de emancipação rural.

O objetivo dois procurou determinar a influência do programa do *Cabaz Alimentar* da Rádio Benue na promoção da utilização de sementes de culturas melhoradas entre os agricultores do Estado de Benue. Os resultados indicaram que o programa do Cabaz *Alimentar* da Rádio Benue influencia a promoção da utilização de plântulas de culturas melhoradas entre os agricultores do Estado de Benue, motivando os agricultores a adotar plântulas de culturas melhoradas, fornecendo conselhos técnicos sobre como utilizar plântulas de culturas melhoradas e tornando as plântulas de culturas melhoradas mais acessíveis aos agricultores. Os dados do Quadro 8 revelaram que 137 (37%) observaram que a influência da Rádio Benue na promoção da utilização de plântulas de culturas melhoradas reside no facto de motivar os agricultores a adotar plântulas de culturas melhoradas. 101 (28%) afirmaram que a influência da Rádio Benue na promoção do uso de plântulas de culturas melhoradas é o facto de fornecer conselhos técnicos sobre como usar as plântulas de culturas melhoradas, 75 (20%) disseram que a influência da Rádio Benue na promoção do uso de plântulas de culturas melhoradas é o facto de tornar as plântulas de culturas melhoradas mais acessíveis aos agricultores. Por último, 54 (15%) concordaram que a influência da Rádio Benue na promoção da utilização de plântulas de culturas melhoradas reside no facto de motivar os agricultores a adoptarem plântulas de culturas melhoradas, prestar aconselhamento técnico sobre a utilização de plântulas de culturas melhoradas e tornar as plântulas de culturas melhoradas mais acessíveis aos agricultores. Isto implica que a Rádio Benue tem uma influência positiva na promoção da utilização de plântulas de culturas melhoradas entre os agricultores do Estado de Benue.

Os dados do quadro 9 revelaram que 262 (71%) afirmaram que a Rádio Benue influencia a promoção da utilização de plântulas de culturas melhoradas entre os agricultores do Estado de Benue num grau muito elevado, 83 (23%) concordaram que a Rádio Benue influencia a promoção da utilização de plântulas de culturas melhoradas entre os agricultores do Estado de Benue num grau elevado, enquanto 22 (6%) afirmaram que a Rádio Benue influencia a promoção da utilização de plântulas de culturas melhoradas entre os agricultores do Estado de Benue num grau baixo. Isto implica que a Rádio Benue tem uma influência muito elevada na promoção da utilização de plântulas de culturas melhoradas entre os agricultores do Estado de Benue. Dhaka e Chayal (2010) corroboraram este ponto de vista quando observaram que, na Índia, a informação meteorológica, as práticas de produção, o preço dos factores de produção, a medição da proteção das plantas, o preço dos produtos agrícolas, o valor acrescentado, as práticas de gestão do gado e a gestão do risco são as necessidades de informação dos agricultores, que são principalmente fornecidas pelos serviços de extensão agrícola através de programas agrícolas de rádio.

O objetivo três visava determinar a eficácia do programa de *cabaz alimentar* da Rádio Benue na promoção da utilização de plântulas de culturas melhoradas entre os agricultores do Estado de Benue. Os resultados mostraram que o programa do Cabaz Alimentar da Rádio

Benue é muito eficaz na promoção da utilização de mudas de culturas melhoradas entre os agricultores do Estado de Benue. Os quadros 10 e 11 corroboram este ponto de vista. A partir da tabela 10, é evidente que todos os 367 (100%) estão conscientes da eficácia do programa do Cabaz Alimentar da Rádio Benue na promoção do uso de mudas de culturas melhoradas. Isto implica que os inquiridos sabem quão eficaz é o programa do Cabaz Alimentar da Rádio Benue na promoção da utilização de mudas de culturas melhoradas entre os agricultores do Estado de Benue.

Os dados da Tabela 11 revelaram que 236 inquiridos (71%) concordaram que o programa de Cabaz Alimentar da Rádio Benue é muito eficaz na promoção do uso de mudas de culturas melhoradas entre os agricultores do Estado de Benue, 106 (29%) disseram que o programa de Cabaz Alimentar da Rádio Benue é eficaz na promoção do uso de mudas de culturas melhoradas entre os agricultores do Estado de Benue, enquanto 25 (7%) notaram que o programa de Cabaz Alimentar da Rádio Benue não é eficaz na promoção do uso de mudas de culturas melhoradas entre os agricultores do Estado de Benue.

Dwight (2017) apoiou essa visão quando argumentou que o rádio, como ferramenta de comunicação de massa, oferece várias vantagens no contexto da extensão agrícola. Tem um amplo alcance, uma boa relação custo-eficácia e a capacidade de transcender as barreiras geográficas, tornando-a uma plataforma ideal para alcançar comunidades agrícolas rurais e remotas. Além disso, os programas de rádio podem ser estruturados para se adaptarem ao contexto local, às línguas e às nuances culturais do público-alvo, garantindo que a informação é acessível e relacionável com os agricultores.

O objetivo quatro procurou avaliar os desafios que impedem o programa do *cabaz alimentar* da Rádio Benue de promover a utilização de mudas de culturas melhoradas entre os agricultores do Estado de Benue. Os resultados revelaram que os desafios encontrados foram a insuficiência de fundos, a falta de conteúdo do programa e a falta de instalações de transmissão de última geração. Verificou-se também que os desafios impedem em grande medida o programa da Rádio Benue de promover a utilização de plântulas de culturas melhoradas entre os agricultores do Estado de Benue. Os quadros 13 e 14 corroboram este ponto de vista. A partir do Quadro 13, é evidente que 156 inquiridos (43%) notaram que a insuficiência de fundos é um dos desafios que impedem o programa da Rádio Benue de promover a utilização de plântulas de culturas melhoradas entre os agricultores do Estado de Benue. Além disso, 110 (30%) concordaram que a falta de conteúdo do programa é um dos desafios que dificultam o programa da Rádio Benue na promoção da utilização de sementes de culturas melhoradas entre os agricultores do Estado de Benue. Entretanto, 73 (20%) afirmaram que a falta de instalações de transmissão de última geração é outro desafio que dificulta o programa da Rádio Benue na promoção da utilização de plântulas de culturas melhoradas entre os agricultores do Estado de Benue, enquanto 28 (7%) opinaram que os desafios que dificultam o programa da Rádio Benue na promoção da utilização de plântulas de culturas melhoradas entre os agricultores do Estado de Benue incluem: fundos insuficientes, conteúdo deficiente do programa e falta de instalações de transmissão de última geração. Isto implica que a insuficiência de fundos, o conteúdo deficiente dos programas e a falta de instalações de transmissão de última geração foram os desafios encontrados.

Os dados do Quadro 14 mostram que 206 inquiridos (56%) concordaram que os desafios dificultam em grande medida o programa da Rádio Benue na promoção da utilização de plântulas de culturas melhoradas entre os agricultores do Estado de Benue, 116 (31%) opinaram que em grande medida os desafios dificultam o programa da Rádio Benue na promoção da utilização de plântulas de culturas melhoradas entre os agricultores do Estado de Benue, enquanto 45 (12%) afirmaram que em pequena medida os desafios dificultam o programa da Rádio Benue na promoção da utilização de plântulas de culturas melhoradas entre os agricultores do Estado de Benue.

Abdul et al (2012) corroboraram esta constatação quando observaram que haverá sempre problemas em termos de utilização dos meios de radiodifusão para divulgar ou obter informações, especialmente em zonas de um país onde existem problemas de acessibilidade, empenho do governo e níveis de aceitação dos programas de televisão por parte dos agricultores. Algumas das principais questões e desafios que impedem os agricultores de obter informações úteis dos programas de televisão relacionados com a agricultura no Paquistão.

CAPÍTULO CINCO
RESUMO, CONCLUSÕES E RECOMENDAÇÕES

5.1 Resumo

Este estudo, "Avaliação do programa do *cabaz alimentar* da Rádio Benue na promoção da utilização de mudas de culturas melhoradas entre os agricultores do Estado de Benue", procurou descobrir a natureza dos programas agrícolas da Rádio Benue que promovem a utilização de mudas de culturas melhoradas entre os agricultores do Estado de Benue, estabelecer a influência do programa do *cabaz alimentar* da Rádio Benue na promoção da utilização de mudas de culturas melhoradas entre os agricultores do Estado de Benue, determinar a eficácia do programa *do cabaz alimentar* da Rádio Benue na promoção da utilização de plântulas de culturas melhoradas entre os agricultores do Estado de Benue e avaliar os desafios que impedem o programa do *cabaz alimentar* da Rádio Benue de promover a utilização de plântulas de culturas melhoradas entre os agricultores do Estado de Benue. O estudo baseou-se na teoria do desenvolvimento dos media.

Os resultados revelaram que a natureza dos programas agrícolas da Rádio Benue, que promovem a utilização de plântulas de culturas melhoradas entre os agricultores do Estado de Benue, consiste em aumentar os conhecimentos dos agricultores sobre os benefícios da utilização de plântulas de culturas melhoradas, incentivar os agricultores a adotar plântulas de culturas melhoradas e sensibilizar para a disponibilidade de plântulas de culturas melhoradas. Os resultados indicam que o programa *de cabazes alimentares* da Radio Benue influencia a promoção da utilização de plântulas de culturas melhoradas entre os agricultores do Estado de Benue, motivando-os a adotar plântulas de culturas melhoradas, fornecendo conselhos técnicos sobre a utilização de plântulas de culturas melhoradas e tornando as plântulas de culturas melhoradas mais acessíveis aos agricultores.

Os resultados mostraram que o programa do Cabaz Alimentar da Rádio Benue é muito eficaz na promoção da utilização de sementes de culturas melhoradas entre os agricultores do Estado de Benue. Os quadros 10 e 11 corroboram este ponto de vista. Os resultados revelaram que os desafios encontrados foram a insuficiência de fundos, a falta de conteúdo dos programas e a falta de instalações de transmissão de última geração. Verificou-se também que os desafios impedem em grande medida o programa da Rádio Benue de promover a utilização de plântulas de culturas melhoradas entre os agricultores do Estado de Benue.

5.2 Conclusão

O estudo concluiu que a Rádio Benue promove o uso de mudas de culturas melhoradas entre os agricultores no Estado de Benue, aumentando o conhecimento dos agricultores sobre os benefícios do uso de mudas de culturas melhoradas, incentivando os agricultores a adotar mudas de culturas melhoradas e criando consciência sobre a disponibilidade de mudas de culturas melhoradas. Além disso, concluiu-se que o programa de cabazes alimentares da Radio Benue é muito eficaz na promoção da utilização de plântulas de culturas melhoradas entre os agricultores do Estado de Benue . Mais ainda, concluiu-se que a insuficiência de fundos, o conteúdo deficiente do programa e a falta de instalações de transmissão de última geração foram os desafios encontrados. Por fim, concluiu-se que os desafios impedem em grande medida o programa da Rádio Benue de promover a utilização de mudas de culturas melhoradas entre os agricultores do Estado de Benue.

5.3 Recomendações

Em conformidade com as conclusões do presente estudo, o estudo recomenda o seguinte;

i. A natureza dos programas agrícolas na rádio deve ser modificada de modo a refletir sobre os benefícios da utilização de sementes de culturas melhoradas entre os agricultores.

ii. A fim de garantir a influência dos programas agrícolas radiofónicos na promoção da utilização de plântulas de culturas melhoradas, os agricultores devem ser encorajados a ouvir os programas agrícolas radiofónicos.

iii. A fim de garantir a eficácia dos programas agrícolas na promoção da utilização de plântulas de culturas melhoradas, devem ser disponibilizados fundos suficientes.

iv. Os desafios que impedem os programas agrícolas de rádio de promover o uso de mudas de culturas melhoradas, os agricultores devem ser abordados.

Referências

Abdul, R. C., Mohd, N. 0., Siti, Z. 0. & Badaruddin, S (2012), Impact of Satellite Television on Agricultural Development in Pakistan. *Global Media Journal* 2(2), 1-25

Adekunle, A. A., Ononiwu, G., Ogunyinka, O. & Chugbo, C. (2004), *Agricultural Information Dissemination in Abia State: An Audience Survey*. Information and Communication Support for Agricultural Growth in Nigeria, IITA, Ibadan, Nigéria, 20 pp.

Aker, J. C., (2011) *Dial 'A' for Agriculture: Using Information and Communication Technologies for Agricultural Extension in Developing Countries*, Centro para o Desenvolvimento Global.

Ama, R. N. (2015) information Needs, Sources of Information and Challenges to the Use of ICTs in Developing Countries: Uma implicação para uma economia verde sustentável. *Journal of Information Technology*. 2(2),1-15

Ango, A. K., Yakubu, D. H. e Usman, A. (2011) Percepções dos agricultores sobre o papel dos meios de comunicação social no desenvolvimento agrícola sustentável: Um Estudo de Caso da Zona Norte do Projeto de Desenvolvimento Agrícola de Sokoto (S.A.D.P.), Nigéria. *Jornal de Agricultura e Ciências Biológicas, 3(3), 305-312.*

Ani, A. O. (2002) *Principles, concept and process of extension and rural development* (Não publicado), Departamento de Economia Agrícola e Extensão, Universidade de Maiduguri, Maiduguri Nigéria.

Ani, A.O., Umunakwe, P. C., Ejiogu-Okereke, E. N., Nwakwasi, R. N. & Aja, A. O. (2015), Utilization of Mass Media among Farmers in Ikwere Local Government Area of Rivers State, Nigeria. Jornal *de Agricultura e Ciências Veterinárias* 8(7), 41-47

Arokoyo, T. (2003) *ICT's for agriculture extension transformation*. Processo de ICT's - transforming agriculture extension? Observatório do CTA sobre as TIC. 6ª Reunião Consultiva de Peritos. Wageningen, 23 - 25 de setembro.

Arua, R. N. (2015), Necessidades de informação, fontes de informação e desafios à utilização de Icts nos países em desenvolvimento: Uma implicação para uma economia verde sustentável. *Jornal de Tecnologia da Informação* 2(2), 1-15

Asaba, J. F., Musebe, R., Kimani, M., Day, R., Nkonu, M., Mukhebi, A., Wesonga, A., Mbula, R., Balaba, P. & Nakagwa, A. (2006) "Bridging the information and knowledge gap between urban and rural communities through rural knowledge centres: Case studies from Kenya and Uganda". *Boletim Trimestral da Associação Internacional de Especialistas em Informação Agrícola (IAALD),* 51(34), 36-51.

Asemah, E. S., Anum, V. & Edegoh, L. O. (2013), Radio as a tool for rural development in Nigeria: Perspectivas e desafios. *Revista Internacional de Artes e Humanidades Bahir Dar, Etiópia.* 2(1), 17-35

Asnafi, A. & Hamidi, A. (2008) The Role of ICT in Developing of Knowledge (O papel das TIC no desenvolvimento do conhecimento). Centro de Informação e Evidência Científica do Irão. *E-Journal 3* (2). Acedido em 19 de setembro de 2023.

Attah, E. (2021). Disseminação da informação: Implicações para a compreensão e produtividade. *Makurdi Journal of Arts and Culture*. 3(2), 55-78.

Banmeke, T. O. A. & Ajay, M. T. (2012), Perceção dos Agricultores sobre o Centro de Recursos de Informação Agrícola em Ago-Are, Estado de Oyo, Nigéria. *Revista Internacional* de *Economia Agrícola e Desenvolvimento Rural.* 1(1), 22-29

Bidit, L. (2009) *The use and appropriation of the mobile telephony technologies by the rural Bangladeshi farmers. American International University-Bangladesh (AIUB) Business Economics Working Paper Series*, 3(1), 48-66.

Brown, C. (2019). Resistência a doenças em variedades de culturas geneticamente modificadas. *Jornal de Ciências Agrícolas*, 38(4), 321-335.

Chukwu, C. O. (2015), A dinâmica da comunicação no desenvolvimento agrícola. O caso dos Estados do Sudeste da Nigéria. *Revista Internacional de Extensão Agrícola e Estudos de Desenvolvimento Rural* 1(2), 1-.17

Dare, O. (1990), *The Role of the Nigeria Mass Media in National Rural Development and transformation.* Documento apresentado no Fórum dos Media organizado pelo IITA, ibadan.

Defleur, M. & Ball-Rockeach, S. *(1975), Theories of mass communication* (3ª ed.). David McKay Company.

Dhaka, B. & Chayal, K. (2010), Farmers' experience with ICTs on transfer of technology in changing agri-rural environment. *Indian Research Journal of Extension Education, 2(3)*, 114-118

Donovan, K. (2009), Anytime, Anywhere: Mobile Devices and Services and Their Impact on Agriculture and Rural Development. *(It/Dev, Grupo do Banco Mundial,)*

Dwight, T. (2019). O papel da rádio na formação da opinião pública. *Journal of Arts and Humanities*. 2 (5) 65-78.

Egbuchulam, E. (2012). Broadcasting: Desafios para os media privados. *Jornal de informação agrícola*. 2(1), 45-66.

Egbule, P. (2009) Adult education and development (Educação de adultos e desenvolvimento). *The Nigerian Journal of Communications*. 2(2), 14-23.

FAO (2008) Proceedings of the Regional Workshop for Strengthening National Information Communication Management Focal Units in Near East and North Africa Region. Organização das Nações Unidas para a Alimentação e a Agricultura (FAO), Escritório Regional para o Próximo Oriente, Omã.

FAO. (2001), *Knowledge and information for food security in Africa from traditional media to the internet*. Grupo de Comunicação para o Desenvolvimento, Desenvolvimento Sustentável.

Gababolokwe, K & Hulela, K. (2014), Percepções dos agricultores sobre a utilização do programa de televisão *Tsa Temo Thuo* do Botswana. *Jornal Asiático de Agricultura e Desenvolvimento Rural*, 4(7), 381-391

Garcia, R., & Patel, S. (2021). Abordagens biotecnológicas para o melhoramento de culturas. *Revisão Anual de Biologia Vegetal*, 45(6), 231-256.

Griffins, S.O (2015). *Utilização contemporânea dos media nas instituições de ensino*. Publicações G&T.

Guenthner, J, F & Swan, B. G. (2011) A utilização da tecnologia eletrónica pelos alunos de extensão. *Journal of Extension,* 49(1), *34-45*

IFPRI (International Food Policy Research Institute) (2010), *Role of Libraries in Supporting Agricultural Policy Research-* Evidence from Selected University and Research Institute Libraries in Nigeria. *Documento de referência do NSSP*, n.º 14. Instituto Internacional de Investigação sobre Política Alimentar, 2033 K Street, NW Washington, DC 20006-1002, EUA.

Irfan, M., Muhammad, S., Khan, G. A., & Asif, M. (2006) Role of Mass Media in the Dissemination of Agricultural Technologies Among Farmers. *International Journal of Agriculture and Biology*, 8(3), 417- 419.

Jenkins, C. N. H., McPhee, S. J., Bird, J. A., Pham, G. Q., Nguyen, B. H., Nguyen, T., Lai, K. Q., Wong, C. & Davis, T. B. (1999). Effect of a Media-led Education Campaign on Breast and Cervical Cancer Screening among Vietnamese-American women. Preventive Medicine; 28(4), 395-406.

Johnson, E. (2017). Reprodução para tolerância à seca em plantas cultivadas. *Plant Breeding Review*, 29(3), 267-289.

Jones, B., et al. (2020). Melhorando os rendimentos das culturas através da modificação genética: A Review. *Crop Science,* 50(2), 123-136.

Kleih, U., Okoboi, G., & Janowski, M. (2004). Farmers and Traders' Sources of Market Information in Lira District (Fontes de Informação de Mercado dos Agricultores e Comerciantes no Distrito de Lira). *Conferência NARO*, 1-4 de setembro de 2004, Documento 57-5, 25 páginas.

Kuponiyi, F. A. (2019). Meios de comunicação social no desenvolvimento agrícola: The use of radio by farmers of Akinleye Local Government Area of Oyo State, Nigeria. Estudos de Desenvolvimento Agrícola da Nigéria, 1(1), 26-32.

Laverack, G. e Dap, D. H. (2003). Transforming Information, Education and Communication in Vietnam (Transformar a informação, a educação e a comunicação no Vietname). *Health Education*, 103(6): 363 - 369.

Lwoga, E. T. (2010), Bridging the knowledge and information divide: the case of selected Telecenters and rural radio in Tanzania, *The Electronic Journal on Information Systems in Developing Countries*, 43(6): 1-14.

Lwoga, E. T. e Ngulube, P. (2008), *Managing indigenous and exogenous knowledge through information and communication technologies for agricultural development and achievement of the UN Millennium Development Goals*, em Njobvu, B. e Koopman, S. (Eds). *Libraries and information services towards the attainment of the UN Millennium Development* Goals, Walter de Gruyter, Berlim, pp. 73-88.

Lwoga, E. T., Stilwell, C., e Ngulube, P. (2011). Access and Use of Agricultural Information and Knowledge in Tanzania (Acesso e utilização de informação e conhecimentos agrícolas na Tanzânia). *Library Review*, 60(5), 383-395.

McQuail, D. (1987) *Mass communication theory: Al? introduction*; publicações SAGE.

Miller, D. (2016). Melhorar o conteúdo nutricional das culturas: A Review of Strategies. *Food Science Journal,* 12(1), 45-58.

Munyua, H. (2000) *Information and Communication Technologies for Rural Development and Food Security*: Lessons from Field Experiences in Developing Countries.

Mwakaje, A, (2010) Information and Communication Technology for rural farmers market access in Tanzania. *Journal of In/brmation Technology Impact,* 10(2); 111-128.

Nazari, M. R., e Hasbullah, A. H. (2010). Radio as an educational media; Impact on agricultural development search; *The Journal of the South East Asia, Research Centre for Communication and Humanities,* 2(1); 13-20.

Njoku, E. C. e Ndeche, M. O. (1999) Awareness and Utilisation of Information Technology among Agriculturists in Nigeria, *The Information Technologist*, 2(2): 1-8.

Nwabueze, C. (2005) Mass media and Community mobilisation for Development: An Analytical Approach. *Revista Internacional de Comunicação,* 1(2): 34 - 43.

Nwanwene, T.M. (2019). *Técnicas de produção radiofónica: Uma abordagem setorial:* Afrika Link Books.

Nwogu, B.G. (1991). *Investigação educacional: questões básicas e metodologia.* Wisdom Publishers Limited.

Ochu, A. 0. (2001) *Promoting Agricultural and Rural De'elopment through Il?/brmation, Education and Communication in Middle-belt Nigeria,* em Olowu, T. A. (ed), Agricultural Extension and Poverty Alleviation in Nigeria, Actas da 6ª Conferência Nacional da Conferência Anual da Sociedade de Extensão Agrícola da Nigéria (AESON), p. 137-139.

Ojete, E. N. (2008) *"Social Mobilization Role qf the Nigeria Mass Media: A study of the 2006 National Population Census."* Em Omu, A.F e Obah, E.G. (ed). In *Mass Media in Nigeria Democracy.* Ibadan Stirling-Horden Publishers Nigeria ltd.

Okoro, N. (2009). *Investigação em comunicação de massas: Issues in Methodology.* AP Express Publishers.

Okunna C. S. (1999). *Introdução à comunicação de massas* 2ª Edição: New Generation Books, b 294.

Oluchukwu, W. J. (2004) *The Mass Media and Democratic Transition in Nigeria, in 0/core (ed), Ns'ukka Journal of communication studies forum,* Mass Communication, University of Nigeria, Nsukka.

Onabanjo, S. (1999). *Essentials of broadcast writing and production (Fundamentos da redação e produção de emissões*). Gabi Concept Ltd.

Oso, D, Osola, O.B & Pate, A.J. (2012). Avaliação do papel dos meios de comunicação social na divulgação de tecnologias agrícolas entre os agricultores da área governamental local de Kaduna North do Estado de Kaduna, Nigéria; *Journal of Biology, Agriculture and Healthcare. Vol.3, No.6, 2013.*

Padre, S., Sudarshana, N. e Tripp, R. (2003) *Reforming Farm Journalism. The Experience of A dike Part hrike. Agricultural Research And Extension Network* (AGREEN) Network Paper No. 128 P.10. London.

Phipps, 0., Dyer, B., Lloyd, E e James, A. (2008) *Handbook on Agricultural Education in the Public Schools.* Sexta edição. Nova Iorque: Delmar Learning Richardson, D. (2003) *Agricultural Extension Transforming ICT? Championing Universal Access IC]' Observatory 2003;* ICTs-Transforming Agricultural Extension,

Richardson, D. (2003) *Agricultural Extension Transforming ICTs? Championing Universal Access ICT Observatory 2003*: ICTs-Transforming Agricultural Extension. Wageningen, 23-25 de setembro de 2003. CTA, Wageningen.

Sher, M. (2001) Agricultural extension, strategies and skills. Faisalabad: *Uni-iCommunication.*

Shuwa, M. I., Shettima L., Makinta, B. G e Kyari, A. (2015) Impacto dos meios de comunicação social na produção agrícola dos agricultores, estudo de caso do Programa de Desenvolvimento Agrícola do Estado de Borno. *Academia Journal of Scientific Research* 3(1): 8-14

Smith, A. (2018). Engenharia genética na agricultura: Benefits, Risks, and Regulation. *Agricultural Review*, 42(3), 215-230.

Surabhi, M. e Mamta, M. (2012) How Mobile Phones Contribute to Growth of Small Farmers? Evidence from India. *Quarterly Journal of international Agriculture, 51(3):* 227-244.

Yamane, T. (1967). *Estatística: An introductory analysis.* 2nd Edition, Harper and Row.

Thompson, S. e Bryant, J. (2002) *Fundamentals of media effects*: McGraw- Hill.

Udoaka, N. (1998). *Development communication*: Stirling - Horden Publishers.

Van Crowder, L. e Fortier, F. 2000. Sistema Nacional de Conhecimento e Informação Agrícola e Rural (NARKIS): A Proposed Component of the Uganda National Agricultural Advisory Service (NAADS) FAO. 2(4), 45-61.

Wesonga, A., Mbula, R., Balaba, P. e Nakagwa, A. (2006) "Bridging the information and knowledge gap between urban and rural communities through rural knowledge centres: Case studies from Kenya and Uganda". *International Association of Agricultural Information 5eciali.s'ts (IAALD,) Quarterly Bulletin,* 51(34),36-5 1.

Wogu, J, Q. (2008). *Introdução às teorias da comunicação de massas.* Nigeriano. University Press.

Wood, B. (1995). *A tecnologia da comunicação e o desenvolvimento.* Rutledge.

Youdeowei, K. (2015). *Rádio e comunicação para o desenvolvimento*. Soroush Press.

QUESTIONÁRIO

SECÇÃO A : DADOS BIOGRÁFICOS

1. Sexo: a. Masculino ( ) b. Feminino ( )
2. Idade: a. 18-25 ( ) b. 26-35 ( ) c. 36-45 ( ) d. 46 e mais
3. Profissão: a. Funcionário público ( ) b. Agricultor ( ) c. Estudante ( ) d. Trabalhador por conta própria ( )
4. Estado civil: a. Solteiro ( ) b. Casado ( ) c. Outros especificar ....
5. Habilitações literárias: a. Ensino primário ( ) b. Ensino secundário ( ) c. Ensino superior ( )

SECÇÃO B: Perguntas de carácter geral

6. Ouve rádio? a. Sim, ouço ( ) b. Não, não ouço ( )
7. Qual é a sua frequência de escuta de Rádio? a. Todos os dias ( ) b. Duas vezes por semana ( ) c. Uma vez por semana ( ) d. Uma vez por mês ( )
8. Tem conhecimento da natureza dos programas agrícolas da Rádio Benue que promovem a utilização de sementes de culturas melhoradas entre os agricultores do Estado de Benue? a. Sim, tenho conhecimento ( ) b. Não, não tenho ( )
9. Em caso afirmativo, qual é a natureza dos programas agrícolas da Radio Benue que promovem a utilização de plântulas de culturas melhoradas entre os agricultores do Estado de Benue? a. Aumentar o conhecimento dos agricultores sobre os benefícios da utilização de plântulas de culturas melhoradas ( ) b. Incentivar os agricultores a adotar plântulas de culturas melhoradas ( ) c. Sensibilizar para a disponibilidade de plântulas de culturas melhoradas ( ) d. Todas as anteriores ( )
10. Em que medida os programas agrícolas da Rádio Benue são úteis para promover a utilização de sementes de culturas melhoradas entre os agricultores do Estado de Benue? a. Muito úteis ( ) b. Úteis ( ) Não muito úteis ( ) d. Não úteis ( )

11. Conhece a influência da Rádio Benue na promoção da utilização de culturas melhoradas mudas entre os agricultores do Estado de Benue? a. Sim, conheço ( ) b. Não, não conheço ( )
12. Em caso afirmativo, qual é a influência da Rádio Benue na promoção da utilização de mudas de culturas melhoradas entre os agricultores do Estado de Benue? a. Motivar os agricultores a adotar mudas de culturas melhoradas ( ) b. Fornecer aconselhamento técnico sobre como utilizar mudas de culturas melhoradas ( ) c. Tornar as mudas de culturas melhoradas mais acessíveis aos agricultores ( ) d. Todas as anteriores ( )
13. Em que medida a Radio Benue influencia a promoção da utilização de plântulas de culturas melhoradas entre os agricultores do Estado de Benue? a. Muito elevado ( ) b. Elevado ( ) c. Baixo ( )
14. Sabe qual é o grau de eficácia do programa de cabazes alimentares da Radio Benue na promoção da utilização de sementes de culturas melhoradas entre os agricultores do Estado de Benue? a. Sim, sei ( ) b. Não, não sei ( )
15. Qual é a eficácia do programa Cesto Alimentar da Rádio Benue na promoção da utilização de mudas de culturas melhoradas entre os agricultores do Estado de Benue? a. Muito eficaz ( ) b. Eficaz ( ) c. Pouco eficaz ( )
16. Conhece os desafios que impedem o programa de Cestas de Alimentos da Radio Benue de promover a utilização de mudas de culturas melhoradas entre os agricultores do Estado de Benue? a. Sim, conheço ( ) b. Não, não conheço ( )
17. Quais são os desafios que impedem o programa de Cesta Alimentar da Rádio Benue de promover o uso de mudas de culturas melhoradas entre os agricultores do Estado de Benue? a. Fundos insuficientes ( ) b. Conteúdo pobre do programa ( ) c. Falta de instalações de transmissão de última geração ( ) d. Todas as anteriores ( )
18. Em que medida os desafios que impedem o programa de Cestas de Alimentos da Radio

Benue de promover o uso de mudas de culturas melhoradas entre os agricultores no Estado de Benue? a. Muito grande ( ) b. Grande ( ) c. Pequeno ( )

19. Considera que é possível resolver os desafios que impedem o programa de cabazes alimentares da Radio Benue de promover a utilização de mudas de culturas melhoradas entre os agricultores do Estado de Benue? a. Sim, considero ( ) b. Não, não considero ( )

20. De que forma acha que podem ser resolvidos os desafios que impedem o programa Cesta Alimentar da Rádio Benue de promover a utilização de mudas de culturas melhoradas entre os agricultores do Estado de Benue? a. Disponibilização de fundos suficientes ( ) b. Melhoria do conteúdo do programa ( ) c. Disponibilização de instalações de transmissão de última geração ( ) d. Todas as anteriores ( )

Printed by Books on Demand GmbH, Norderstedt / Germany